Instituto Tecnológico Superior de Huichapan

Ingeniería Industrial

Manual de Prácticas:

Logística y Cadena de Suministro

Dr.Ing. Jose Antonio Valles Romero

Diciembre/2015

LOGWARE

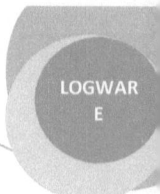

Revisión:
Dr. L. Jonathan Torres Cortes
Profesor Investigador de la Universidad de las Américas
México

Título original de la obra:
Manual de Prácticas
Logística y Cadena de Suministro
Valles, Romero José Antonio

Diseño de la portada:
Susana Salas Herrera

Publicado por: McGraw-Hill open-publishing, 9 de Diciembre 2015
3131 RDU Centre Drive Suite 210 Morrisville, NC 27560 UNITED STATES

Publisher: John E. Biernat
Senior Editor: John Weimeister
Development Editor: Elm Street

Derechos Reservados: 2015 por McGraw-Hill open-publishing

ISBN: 978-1-329-77928-0

ISBN 978-1-329-77928-0 90000

9 781329 779280

Printed in United States
Impreso por: Top Printer Plus, Diciembre 2015
Primera Edición 2015

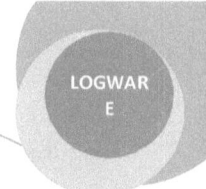
ROUTE

Se desea diseñar una ruta para efectuar un envío de Búfalo a Duluth a través de importantes autopistas. Dado que la distancia y el tiempo están relacionados se busca la ruta más corta.

```
                            ROUTE
            FINDS THE SHORTEST ROUTE THROUGH A NETWORK

Title: RUTA MAS CORTA ENTRE DULUTH-BUFALO.

Origin node number: 1

NODE IDENTIFICATION DATA
Point Node                          X coor-    Y coor-
  no.  no. Node name                 dinate     dinate
   1    1  BUFALO                       ,00        ,00
   2    2  CLEVELAND                    ,00        ,00
   3    3  DETROIT                      ,00        ,00
   4    4  TOLEDO                       ,00        ,00
   5    5  MACKIUNAW                    ,00        ,00
   6    6  CHICAGO                      ,00        ,00
   7    7  DULUTH                       ,00        ,00
   8                                    ,00        ,00

CONNECTING NODE DATA
        From -------------------- To ----------------------
Point Node                         Node
  no.  no. Node name                no.   Node name              Cost
   1    1  BUFALO                     2    CLEVELAND             186,00
   2    1  BUFALO                     3    DETROIT               276,00
   3    2  CLEVELAND                  4    TOLEDO                110,00
   4    3  DETROIT                    4    TOLEDO                 58,00
   5    3  DETROIT                    5    MACKIUNAW             300,00
   6    4  TOLEDO                     5    MACKIUNAW             350,00
   7    4  TOLEDO                     6    CHICAGO               241,00
   8    5  MACKIUNAW                  7    DULUTH                404,00
   9    6  CHICAGO                    7    DULUTH                479,00
```

SHORTEST ROUTE METHOD SOLUTION RESULTS

```
RUTA MAS CORTA ENTRE DULUTH-BUFALO.
Origin node number = 1   Number of nodes = 7   Number of arcs = 9

Shortest paths from origin node 1 to all destination nodes
   Cost Path
  186,00 1 -> 2
  276,00 1 -> 3
  296,00 1 -> 2 -> 4
  576,00 1 -> 3 -> 5
  537,00 1 -> 2 -> 4 -> 6
  980,00 1 -> 3 -> 5 -> 7
```

II. Se desea transportar equipo bélico de la manera más económica de San José pasando por diversas bases militares hasta la ciudad de Letterkenny para ser embarcadas a Europa.

ROUTE
FINDS THE SHORTEST ROUTE THROUGH A NETWORK

```
Title: ruta mas economica

Origin node number: 1

NODE IDENTIFICATION DATA
Point Node                              X coor-    Y coor-
  no.  no.  Node name                   dinate     dinate
   1    1   SAN JOSE                       ,00        ,00
   2    2   FORT CARSON                    ,00        ,00
   3    3   FORT  HOOD                     ,00        ,00
   4    4   FORT  RILEY                    ,00        ,00
   5    5   FORT  BENNING                  ,00        ,00
   6    6   CLEVELAND                      ,00        ,00
   7    7   SUR CHARLESTON                 ,00        ,00
   8    8   LETTERKENNY                    ,00        ,00


CONNECTING NODE DATA
         From -------------------- To ---------------------
Point Node                           Node
  no.  no.  Node name                  no.  Node name            Cost
   1    1   SAN JOSE                    2   FORT CARSON         275,00
   2    1   SAN JOSE                    8   LETTERKENNY         800,00
   3    1   SAN JOSE                    4   FORT  RILEY         350,00
   4    1   SAN JOSE                    5   FORT  BENNING       450,00
   5    1   SAN JOSE                    3   FORT  HOOD          300,00
   6    2   FORT CARSON                 6   CLEVELAND           375,00
   7    2   FORT CARSON                 7   SUR CHARLESTON      400,00
   8    3   FORT  HOOD                  6   CLEVELAND           325,00
   9    3   FORT  HOOD                  7   SUR CHARLESTON      350,00
  10    4   FORT  RILEY                 6   CLEVELAND           275,00
  11    4   FORT  RILEY                 7   SUR CHARLESTON      325,00
  12    5   FORT  BENNING               7   SUR CHARLESTON      250,00
  13    5   FORT  BENNING               6   CLEVELAND           300,00
  14    6   CLEVELAND                   8   LETTERKENNY         150,00
  15    7   SUR CHARLESTON              8   LETTERKENNY         100,00
```

SHORTEST ROUTE METHOD SOLUTION RESULTS

```
ruta mas economica
Origin node number = 1   Number of nodes = 8   Number of arcs = 15

Shortest paths from origin node 1 to all destination nodes
    Cost Path
   275,00 1 -> 2
   300,00 1 -> 3
   350,00 1 -> 4
   450,00 1 -> 5
   625,00 1 -> 4 -> 6
   650,00 1 -> 3 -> 7
   750,00 1 -> 3 -> 7 -> 8
```

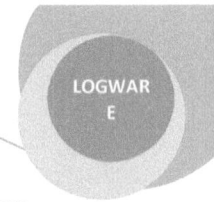
TRANLP

Se tienen que proveer a cinco bases militares a través de tres proveedores de tal manera que se minimice el costo y no se exceda los programas de producción.

Esquema de producción para diciembre

F1-CLEVELAND	400 unidades
F2-SUR DE CHARLERSTON	150 unidades
F3-SAN JOSÉ	150 unidades

Esquema de requerimientos para diciembre

T1-LETTERKENNY	300
T2-FORT HOOD	100
T3-FORT RILEY	100
T4-FORT CARSON	100
T5-FORT BENNING	100

Problem label: LETTERKENNY

No. of rows 4   No. of columns 6

Row label PROVEEDOR

Column label CLIENTE

From\To	T1	T2	3	T4	T5	Supply
F1	150	325	275	375	300	400
F2	100	350	325	400	250	150
F3	800	300	350			
Demand	300	100	100			

TRANLP - C:\LogWare\letterkenny.dat

Problem label: LETTERKENNY

Results   **Total cost:** 153750

From\To	T1	T2	3	T4	T5	Supply
F1	150	50	100	0	100	400
F2	150	0	0	0	0	150
F3	0	50	0	100	0	150
Demand	300	100	100	100	100	

* * * *

Problem label: LETTERKENN

Cell data:
---------- Cell --------
Source name	Sink Name		
F1	T1		
F1	T2	325,00	100
F1	3	275,00	100
F1	T4	375,00	100
F1	T5	300,00	100
Source capacity = 400			
F2	T1	100,00	300
F2	T2	350,00	100
F2	3	325,00	100
F2	T4	400,00	100
F2	T5	250,00	100
Source capacity = 150			
F3	T1	800,00	300
F3	T2	300,00	100
F3	3	350,00	100
F3	T4	275,00	100
F3	T5	450,00	100
Source capacity = 150			

TRANSPORTATION METHOD RESULTS

Problem label: Enter label
         OPTIMUM SUPPLY SCHEDULE

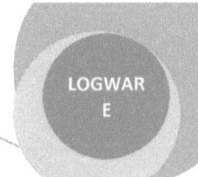

```
---------- Cell ------------    Unit       Cell       Units
Source name   Sink name         cost    cost     allocated
F1       T1         150.00     22,500.00       150
F1       T2         325.00     16,250.00        50
F1       3          275.00     27,500.00       100
F1       T4         375.00          .00         0
F1       T5         300.00     30,000.00       100
 Totals                        96,250.00       400
Source capacity =     400
Slack capacity  =     0

F2       T1         100.00     15,000.00       150
F2       T2         350.00          .00         0
F2       3          325.00          .00         0
F2       T4         400.00          .00         0
F2       T5         250.00          .00         0
 Totals                        15,000.00       150
Source capacity =     150
Slack capacity  =     0

F3       T1         800.00          .00         0
F3       T2         300.00     15,000.00        50
F3       3          350.00          .00         0
F3       T4         275.00     27,500.00       100
F3       T5         450.00          .00         0
 Totals                        42,500.00       150
Source capacity =     150
Slack capacity  =     0

                    Total allocated =     700
                    Slack required  =     700
```

Total cost = 153,750.00

Dos empresas(A;B) producen respectivamente 1000 y 2000 unidades y surten a tres clientes(I,II,III) que requieren 700, 900 1100 unidades respectivamente los costos de surtir son:

	I	II	III
A	5	4	7
B	2	1	3

SOLUCIÓN ÓPTIMA

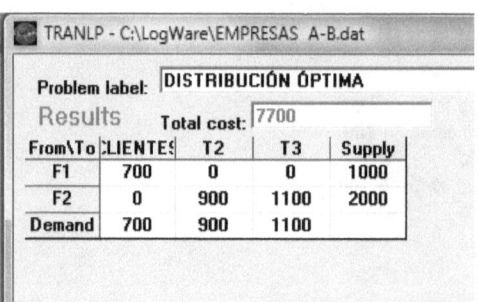

TRANLP - C:\LogWare\EMPRESAS A-B.dat

Problem label: DISTRIBUCIÓN ÓPTIMA

Results   **Total cost:** 7700

From\To	CLIENTES	T2	T3	Supply
F1	700	0	0	1000
F2	0	900	1100	2000
Demand	700	900	1100	

TRANSPORTATION METHOD RESULTS

```
Problem label: Enter label
                   OPTIMUM SUPPLY SCHEDULE
----------- Cell ------------    Unit          Cell        Units
Source name    Sink name         cost          cost     allocated
F1             T1                5.00      3,500.00          700
F1             T2                4.00           .00            0
F1             T3                7.00           .00            0
  Totals                                   3,500.00          700
Source capacity =     1,000
Slack capacity  =       300

PROVEEDOR      T1                2.00           .00            0
PROVEEDOR      T2                1.00        900.00          900
PROVEEDOR      T3                3.00      3,300.00        1,100
  Totals                                   4,200.00        2,000
Source capacity =     2,000
Slack capacity  =         0

                            Total allocated =     2,700
                            Slack required  =     2,700

Total cost = 7,700.00
```

Un vendedor de joyas tiene que visitar diversas ciudades y es importante encontrar el recorrido mínimo y compararlo con la secuencia común

RECORRIDO

LUGAR	COORDENADAS X,Y
NEGOCIO	2,1
CIUDAD 1	1,1
CIUDAD 2	5,1
CIUDAD 3	7,1
CIUDAD 4	2,2
CIUDAD 5	8,2
CIUDAD 6	0.5,3

ROUTESEQ - C:\LogWare\VENDEDOR DE JOYAS.dat

Problem label: RUTA MINIMA VENDEDOR

Circuity factor: 1.21   Map scaling factor: 1

Depot coordinates: X = 2   Y = 1

STOP DATA

Point no.	Point label	X coordinate	Y coordinate
1	CITY-1	1	1
2	CITY-2	5	1
3	CITY-3	7	1
4	CITY-4	2	2
5	CITY-5	8	2
6	CITY-6	0.5	3

SOLUCIÓN RUTA MINIMA.

STOP SEQUENCE RESULTS

Stop sequence is:

DEPOT 2 3 5 4 6 1 DEPOT

Total route distance =20.907

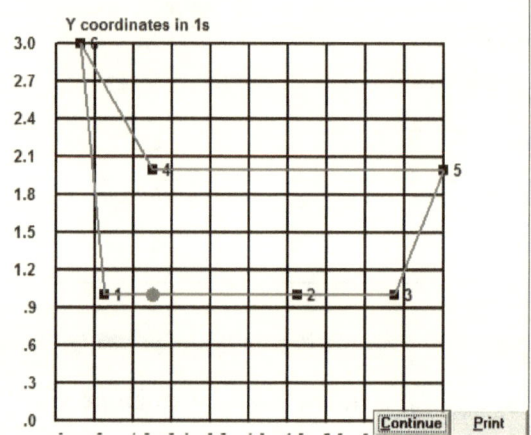

Problem: **RUTA MINIMA VENDEDOR**
Total distance = 20.907

LOCATION OF POINTS

RUTA ORDINARIA.

STOP SEQUENCE RESULTS

Stop sequence is:

DEPOT 1 2 3 4 5 6 DEPOT

Total route distance =34.080

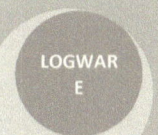

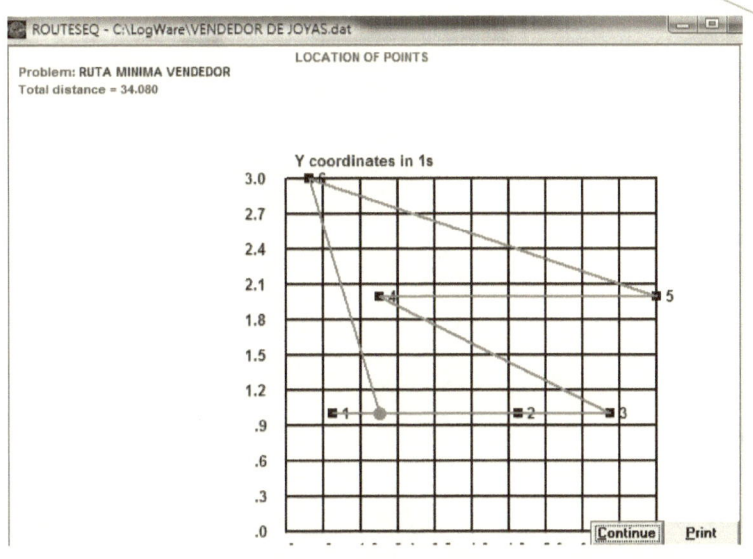

Ejemplo 2

Un vendedor visita durante 3 días a diferentes clientes quedándose en 3 hoteles durante su recorrido, determine ¿cuál es la ruta mínima partiendo del hotel 1, del hotel 2 o del hotel 3?

LUGAR	COORDENADAS X,Y
HOTEL 1	2,1
HOTEL 2	3,4
HOTEL 3	6,7
CIUDAD 1	1,1
CIUDAD 2	5,1
CIUDAD 3	7,1
CIUDAD 4	2,2
CIUDAD 5	8,2
CIUDAD 6	0.5,3
CIUDAD 7	7,3
CIUDAD 8	2,4

CIUDAD 9	5,4
CIUDAD 10	3,5
CIUDAD 11	4,5
CIUDAD 12	6,5
CIUDAD 13	1,6
CIUDAD 14	3,6
CIUDAD 15	5,6
CIUDAD 16	7,7
CIUDAD 17	3,7
CIUDAD 18	6,8

Partiendo del hotel 1

STOP SEQUENCE RESULTS

Stop sequence is:

DEPOT 2 3 5 7 9 12 16 18 15 17 14 11 10 13 8 6 4 1 DEPOT

Total route distance =40.544

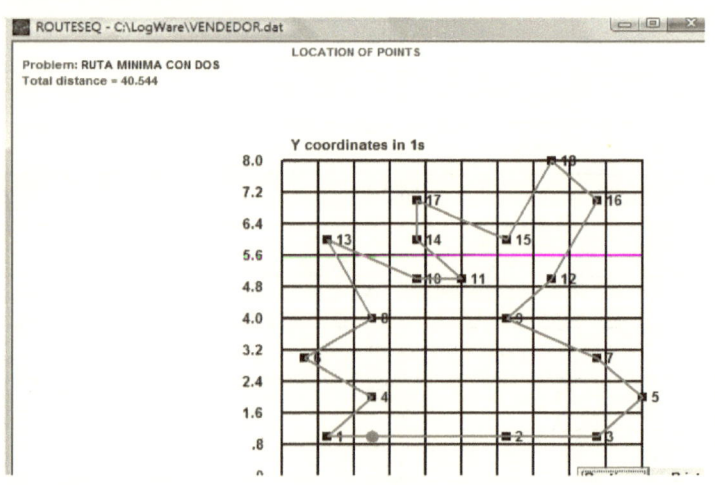

Partiendo del hotel 2

STOP SEQUENCE RESULTS

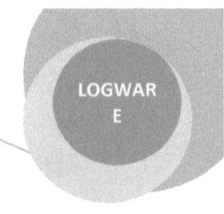

Stop sequence is:

DEPOT 10 13 8 6 1 4 2 3 5 7 9 12 16 18 15 17 14 11 DEPOT

Total route distance =41.554

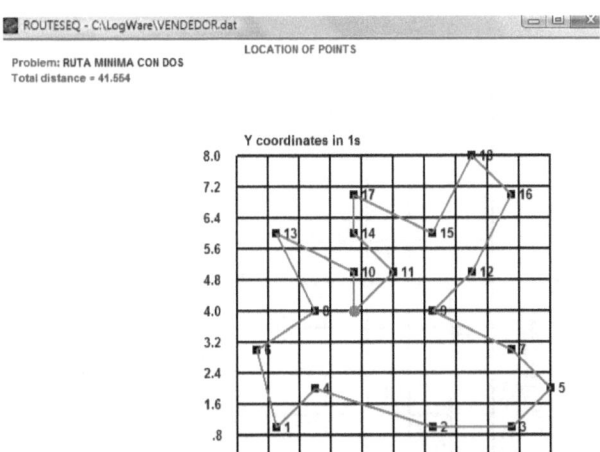

Partiendo del hotel 3

STOP SEQUENCE RESULTS

Stop sequence is:

DEPOT 18 15 17 14 11 10 13 8 6 1 4 2 3 5 7 9 12 16 DEPOT

Total route distance =40.552

ROUTESEQ - C:\LogWare\VENDEDOR.dat

Problem: **RUTA MINIMA CON DOS**
Total distance = 40.552

LOCATION OF POINTS

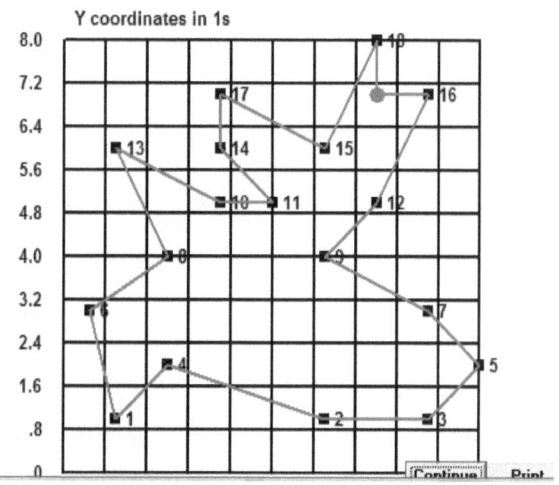

CONCLUSIÓN: LA MEJOR OPCIÓN A PARTIR DEL HOTEL 3

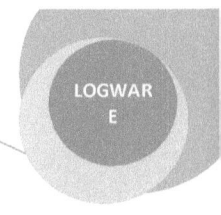
MULTICOG

Dos plantas atenderan 3 puntos de mercado mediante un almacen. Se proporciona el volumen que fluye desde cada punto hacia el mismo, y las tarifas de transportación asociadas. Utilizando el método de centro de gravedad, encuentre la ubicación aproximada para un almacén y las ubicaciones óptimas para dos almacenes para atender estos mercados.

```
                                     MCOG
                LOCATES A FACILITY BY THE MULTIPLE CENTER-OF-GRAVITY METHOD

Title: Ubicacion aproximada para un almacen
Map scaling factor: 0.5

Point data:
                    X coor-        Y coor-                            Transport
Point               dinate         dinate         Volume             rate
1                   3,00           8,00           5.000              ,0400
2                   8,00           2,00           7.000              ,0400
3                   2,00           5,00           3.500              ,0950
4                   6,00           4,00           3.000              ,0950
5                   8,00           8,00           5.500              ,0950
```

MULTIPLE CENTER OF GRAVITY SOLUTION RESULTS

```
Problem label: Enter label
          X coor-    Y coor-
Source    dinate     dinate          Volume               Cost
    1      5,94       5,32           24.000             2.673,39
   Total cost 2.673,39

Source   Allocated demand points to source points
     1    1,2,3,4,5
```

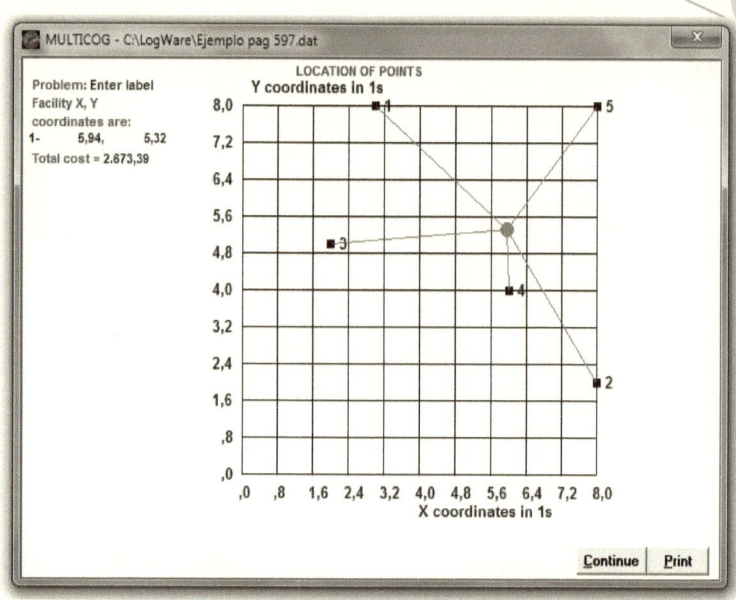

MCOG
LOCATES A FACILITY BY THE MULTIPLE CENTER-OF-GRAVITY METHOD

```
Title: Ubicacion de 2 almacenes
Map scaling factor: 0.5

Point data:
                X coor-      Y coor-                      Transport
Point           dinate       dinate        Volume         rate
1               3,00         8,00          5.000          ,0400
2               8,00         2,00          7.000          ,0400
3               3,00         8,00          3.500          ,0950
4               6,00         4,00          3.000          ,0950
5               8,00         8,00          5.500          ,0950
```

MULTIPLE CENTER OF GRAVITY SOLUTION RESULTS

```
Problem label: Enter label
        X coor-    Y coor-
Source  dinate     dinate          Volume              Cost
    1    3,64       8,00           14.000          1.309,51
    2    6,29       3,71           10.000            397,01
   Total cost 1.706,52

Source  Allocated demand points to source points
    1    1,3,5
    2    2,4
```

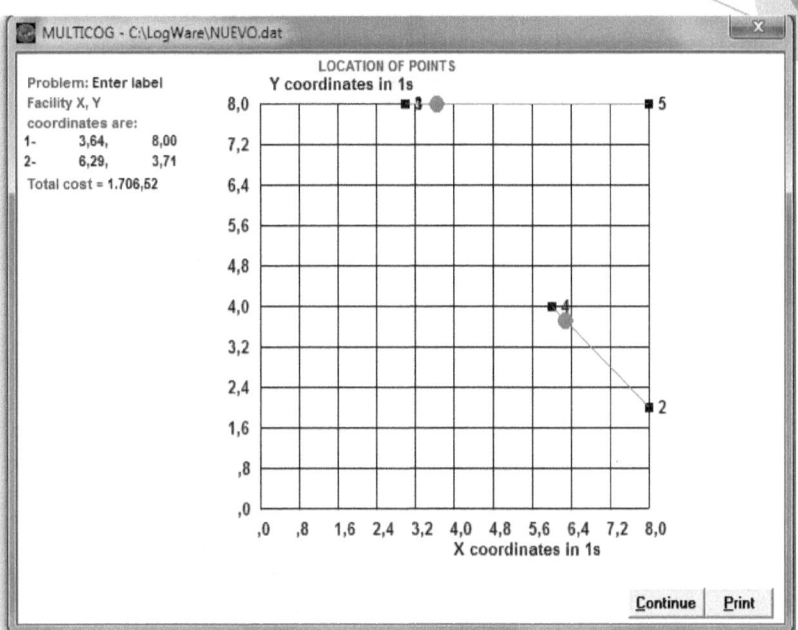

MULTICOG - C:\LogWare\NUEVO.dat

LOCATION OF POINTS

Problem: Enter label
Facility X, Y
coordinates are:
1-   3,64,   8,00
2-   6,29,   3,71
Total cost = 1.706,52

Continue Print

MILES

Calcule la distancia de camino esperada entre los siguientes pares de puntos utilizados longitud y latitud como los puntos de coordenadas.

Utilizando un factor de circuito de caminos de 1.15

	Ubicación		Longitud	Latitud
Desde	Lansing, MI	USA	84.55º O	44.73º N
Hacia	Lubbock, TX	USA	101.84º O	33.58º N

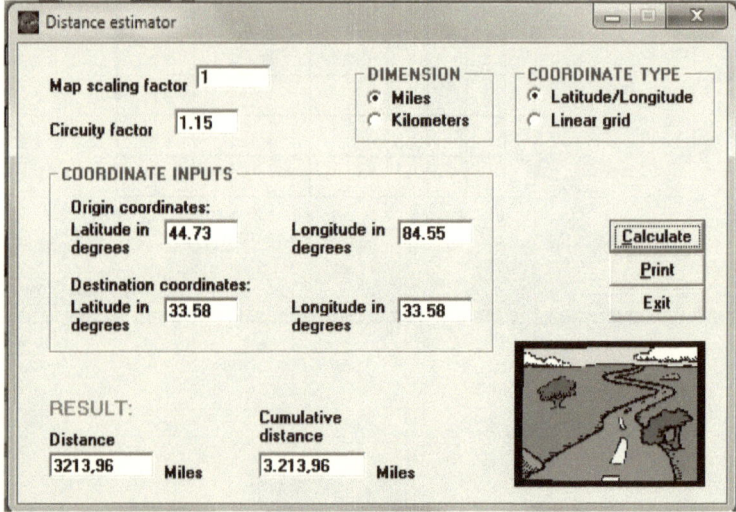

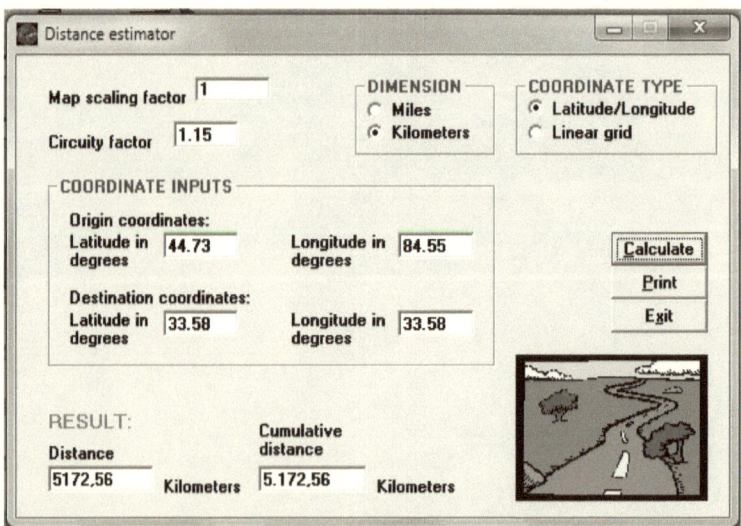

Suponga que cierto sistema de coordenadas de cuadricula se sobrepuso en un mapa de USA. Los números de cuadricula están calibrados en millas, y existe un factor de circuito de caminos de 1.21. Encuentre las distancias esperadas entre los siguientes pares de puntos.

	Ubicación	Coordenada X	Coordenada Y
Desde	Lansing, MI	924.3	1675.2
Hacia	Lubbock, TX	1488.6	2579.4

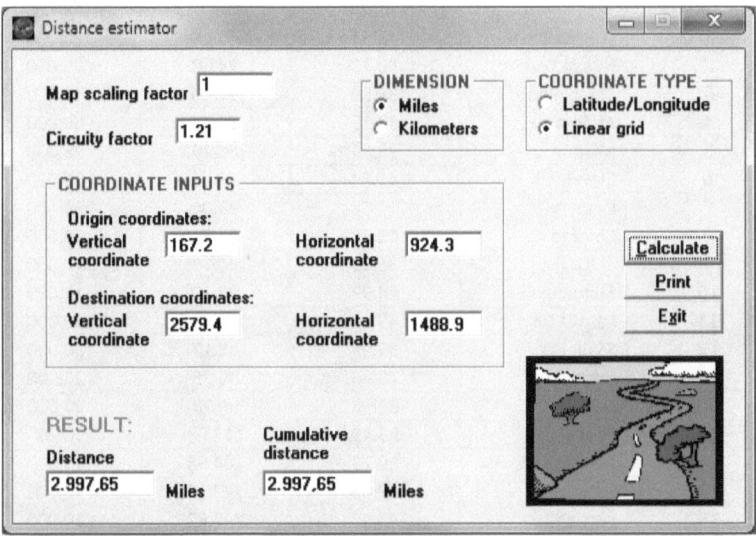

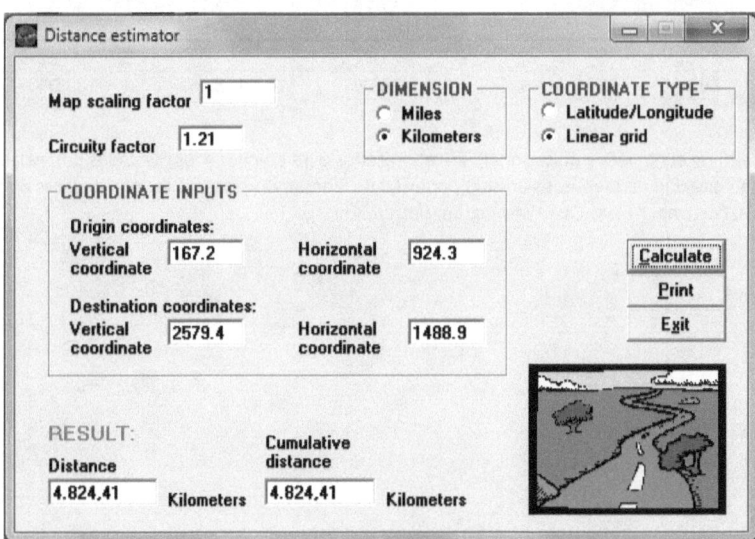

PMED

Biogenics es una compañía reciente que planea producir materiales biológicos utilizados en la investigación médica. Los principales clientes para sus productos serán los grandes hospitales de investigación ubicados en las principales áreas metropolitanas. La ubicación de los clientes y las ventas anuales proyectadas son las siguientes:

Núm.	Cliente	Latitud	Longitud	Ventas
1	Boston	42.31	71.08	50,000
2	Nueva York	40.72	74.00	75,000
3	Washington	38.89	77.00	45,000
4	Atlanta	33.75	84.38	65,000
5	Miami	25.83	80.28	35,000
6	Cleveland	41.83	81.66	25,000
7	Detroit	42.36	83.06	30,000
8	Chicago	41.83	87.64	70,000
9	St. Louis	38.63	90.19	20,000
10	Minneapolis	44.92	93.20	15,000
11	Kansas City	39.10	94.58	10,000
12	Filadelfia	39.95	75.17	30,000
13	Houston	29.78	95.38	25,000
14	Dallas	32.98	96.78	20,000
15	Phoenix	33.49	112.08	10,000
16	Denver	39.73	104.98	15,000
17	Seattle	47.63	122.33	10,000
18	Portland	45.46	122.67	10,000
19	San Francisco	37.78	122.21	40,000
20	Los Ángeles	34.08	118.36	80,000

Determine el número y ubicación de los laboratorios para atender a los mercados potenciales. Cada ubicación de clientes es un sitio potencial de laboratorio, excepto los proveedores de St. Louis, Portland, Kansas City, Washington, Detroit, Chicago.

SOLUTION RESULTS FOR P-MEDIAN PROBLEM

No.	Facility name-	Volume	Assigned node numbers
1	Boston MA	30.000	1
2	New York NY	170.000	2 4
3	Cincinnati OH	360.000	3 5 6
4	Chicago IL	380.000	7 8
5	Phoenix AZ	230.000	9
6	Denver CO	300.000	10
7	Los Angeles CA	40.000	11
8	Seattle WA	20.000	12
	Total	1.530.000	

Total cost: $19.221.084,00

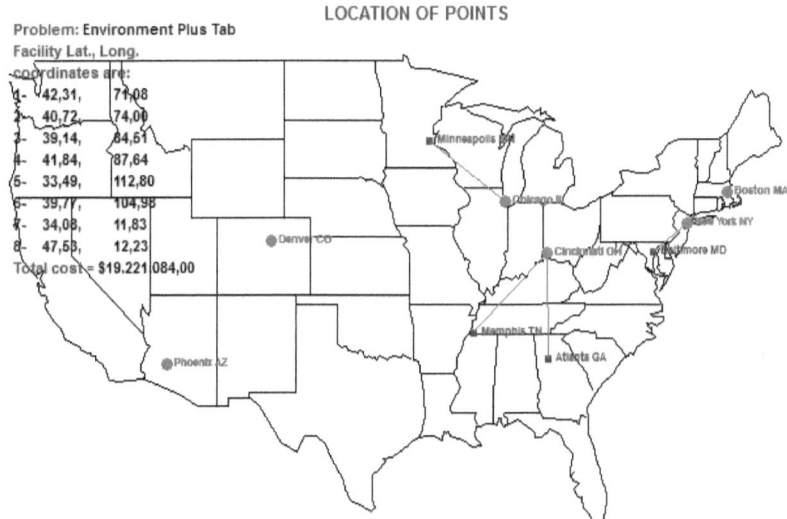

LOCATION OF POINTS

Problem: Environment Plus Tab
Facility Lat., Long.
coordinates are:
1- 42,31, 71,08
2- 40,72, 74,00
3- 39,14, 84,51
4- 41,84, 87,64
5- 33,49, 112,80
6- 39,77, 104,98
7- 34,08, 11,83
8- 47,58, 12,23
Total cost = $19.221.084,00

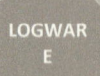

MULREG

La siguiente tabla presenta una muestra de tarifas comunes de transporte por camión en $/milla. Para envíos en el rango de 2000 a 5000 lb, con origen en Chicago y destino a varias ciudades alrededor de Chicago.

Núm.	Tarifa	Millas
1	4.15	169
2	16.20	2220
3	9.11	1108
4	6.81	427
5	13.53	2197
6	9.84	1226
7	15.28	2685
8	6.92	465
9	9.51	936
10	8.03	751
11	7.80	848
12	12.77	1923
13	11.28	1004
14	7.80	657
15	8.24	955
16	8.40	801
17	13.38	1753
18	12.77	1998
19	10.69	1337
20	8.50	799

A partir de esta información construya una curva de estimación de tarifas de transporte.

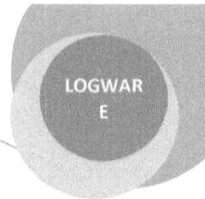
MULTIPLE REGRESSION ANALYSIS RESULTS

```
Means
        MILLAS          TARIFA
        459,900         403,800

Standard deviations
        MILLAS          TARIFA
        783,827         660,593

Simple correlation coefficients
                    MILLAS      TARIFA
MILLAS              1,000       -,347
TARIFA              -,347       1,000

STEPWISE COMPUTATIONS
Dependent variable
                            B       Standard
Variable        Index     coef.    deviation    T-Ratio
TARIFA            0      403,8000
Standard error of Y: 660,5932
Coefficient of determination (RSQR): ,0000
Total F-level: ,0

Independent variable entering is: MILLAS
Incremental F-level: 2,4716
                            B       Standard
Variable        Index     coef.    deviation    T-Ratio
TARIFA            0      538,4771
MILLAS            1       -,2928      ,1863      -1,5721
Standard error of Y: 636,4064
Coefficient of determination (RSQR): ,1207
Total F-level: 2,5

Incremental F-level insufficient for further computation

ANALYSIS OF VARIANCE
Source                  SS         df              MS          F-value
Regression      1.001.048,30591     1     1.001.048,30591      2,47164
Residual        7.290.236,89409    18       405.013,16078
 Total          8.291.285,20000    19

SUMMARY
The estimating equation is:
   Y (TARIFA) = 538,4771 + -,2928 x MILLAS

with a standard error of estimate = 636,4064
and an R-square of  ,1207

ERROR ANALYSIS
Obs     Actual Estimated  Re-           Expected range    Out of
no.       Y        Y     siduals       2 x Std. Error     range
 1       4,000   488,987 -484,987   -783,826 - 1.761,800

 2    2220,000   534,084 1685,916   -738,728 - 1.806,897
                                                                    Y
 3       2,000   533,792 -531,792   -739,021 - 1.806,605

 4       9,000   214,010 -205,010 -1058,802 - 1.486,823
 5     427,000   535,256 -108,256   -737,557 - 1.808,069

 6      81,000   536,720 -455,720   -736,093 - 1.809,533

 7      13,000  -104,892  117,892 -1377,705 - 1.167,921
 8    1226,000   522,957  703,043   -749,856 - 1.795,769

 9      84,000   535,842 -451,842   -736,971 - 1.808,654

10      15,000  -247,798  262,798 -1520,611 - 1.025,015
11     465,000   530,278  -65,278   -742,535 - 1.803,090

12      92,000   536,720 -444,720   -736,093 - 1.809,533

13       9,000   264,379 -255,379 -1008,434 - 1.537,192
14     751,000   523,542  227,458   -749,271 - 1.796,355
```

15	3,000	536,134	-533,134	-736,679 - 1.808,947
16	7,000	290,149	-283,149	-982,664 - 1.562,962
17	1923,000	536,134	1386,866	-736,679 - 1.808,947
18	77,000	534,963	-457,963	-737,850 - 1.807,776
19	11,000	244,466	-233,466	-1028,347 - 1.517,279
20	657,000	530,278	126,722	-742,535 - 1.803,090

RESIDUALS PLOTTED AGAINST ESTIMATED Y

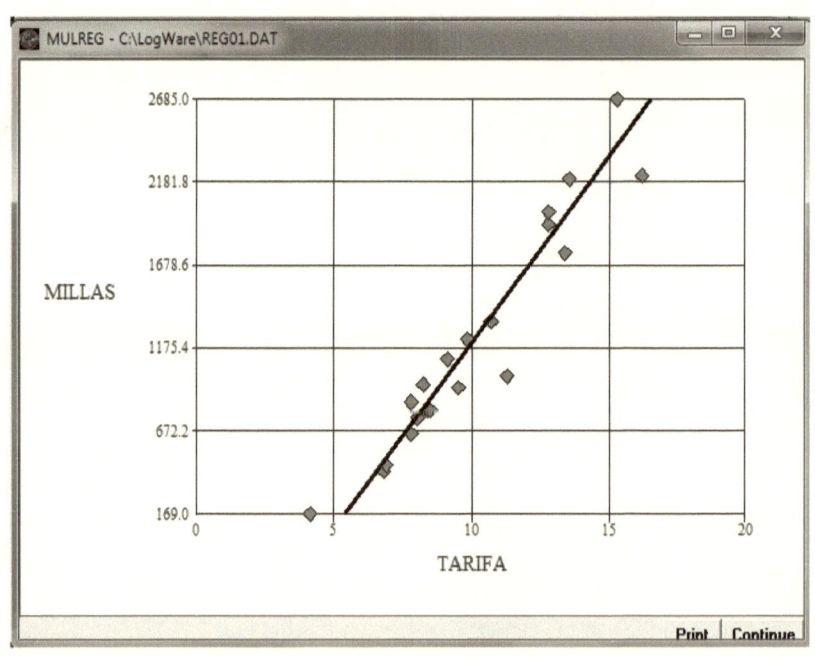

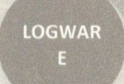

LAY OUT

Suponga que un almacén contiene ocho bahías de almacenamiento, el producto ingresa por la parte trasera del almacén a través de un andén de ferrocarril. El producto se recoge desde las ubicaciones de almacenamiento mediante selección de ida y vuelta, y se despacha desde una plataforma de camión al frente del edificio. Cada bahía puede almacenar 2500 pies cúbicos con el producto apilado a 10 pies de altura. Se mantienen 10 productos dentro del almacén. Se ha reunido la siguiente información.

Producto	Espacio de almacenamiento requerido (pies cuadrados)	Tamaño individual del producto (pies cúbicos)	Número promedio de pedidos diarios en los que aparece el articulo
A	500	1.5	56
B	3000	10.6	103
C	1500	4.3	27
D	1700	5.5	15
E	5500	2.7	84
F	1100	15.0	55
G	700	9.0	26
H	2800	6.7	45
I	1300	3.3	94
J	900	4.7	35

Distribuya el almacén utilizando:

1. El método por popularidad

```
LAYOUT - C:\LogWare\LOUT01.DAT                                    X

LAYOUT BY ITEM POPULARITY
                        Item      Item                  Required
             No. of    sales,    size,   Inventory      space,
Rank Product name  orders/yr.  units    cu. ft.   turns        cu. ft.
  1  B           103      3.000    10,60    34,00         935
  2  I            94      1.300     3,30     2,60       1.650
  3  E            84      5.500     2,70     5,00       2.970
  4  A            56       500      1,50     8,50          88
  5  F            55      1.100    15,00     3,20       5.156
  6  H            45      2.800     6,70     4,10       4.576
  7  J            35       900      4,70     9,00         470
  8  C            27      1.500     4,30     5,40       1.194
  9  G            26       700      9,00     2,50       2.520
 10  D            15      1.700     5,50    11,30         827




                                              [Continue]  Print
```

System

2. El método por volumen

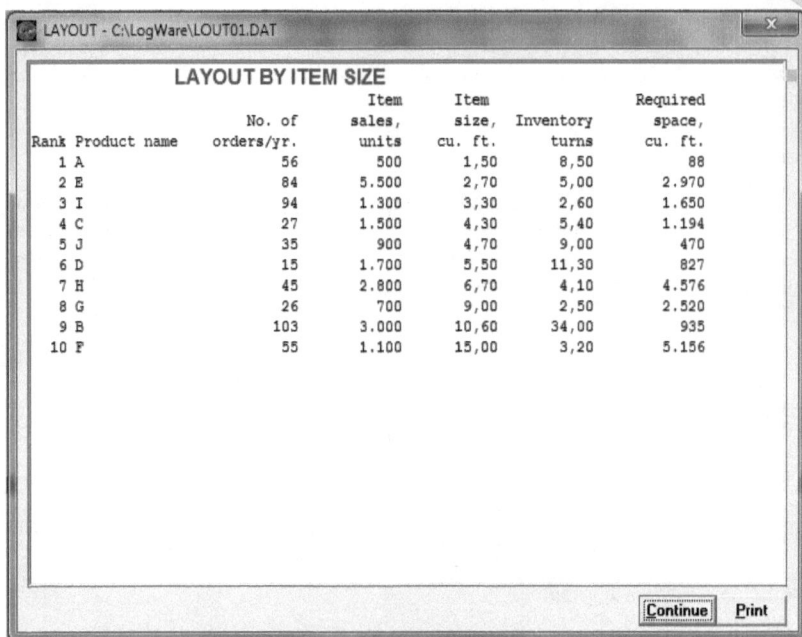

```
LAYOUT - C:\LogWare\LOUT01.DAT                                    X

                    LAYOUT BY ITEM SIZE
                                Item    Item
                        No. of  sales,  size,   Inventory   space,
Rank Product name     orders/yr. units  cu. ft.   turns     cu. ft.
  1 A                      56     500    1,50      8,50         88
  2 E                      84   5.500    2,70      5,00      2.970
  3 I                      94   1.300    3,30      2,60      1.650
  4 C                      27   1.500    4,30      5,40      1.194
  5 J                      35     900    4,70      9,00        470
  6 D                      15   1.700    5,50     11,30        827
  7 H                      45   2.800    6,70      4,10      4.576
  8 G                      26     700    9,00      2,50      2.520
  9 B                     103   3.000   10,60     34,00        935
 10 F                      55   1.100   15,00      3,20      5.156

                                                    Continue  Print
```

3. El método del índice cubico por pedido

```
LAYOUT - C:\LogWare\LOUT01.DAT                                    X

                LAYOUT BY CUBE-PER-ORDER INDEX
                                Item    Item
                        No. of  sales,  size,   Cube-per-   space,
Rank Product name     orders/yr. units  cu. ft. order index cu. ft.
  1 A                      56     500    1,50       575         88
  2 B                     103   3.000   10,60     3.314        935
  3 J                      35     900    4,70     4.901        470
  4 I                      94   1.300    3,30     6.407      1.650
  5 E                      84   5.500    2,70    12.905      2.970
  6 C                      27   1.500    4,30    16.147      1.194
  7 D                      15   1.700    5,50    20.134        827
  8 F                      55   1.100   15,00    34.219      5.156
  9 G                      26     700    9,00    35.377      2.520
 10 H                      45   2.800    6,70    37.113      4.576

                                                    Continue  Print
```

WARELOCA

Estudio de caso. Usemore Soap Company. Estudio de un caso de ubicación de un almacén.

La **Usemore Soap Company** fabrica una línea de compuestos de limpieza utilizados, principalmente para propósitos industriales e institucionales. A pesar de la alta rentabilidad, la administración de la compañía está preocupada acerca de los costos de producción y distribución de la línea de productos para mantener su ventaja sobre la competencia.

El objetivo es sugerir una red de distribución mejorada que cumpla las políticas establecidas de servicio al cliente y minimice los costos totales de distribución de la red.

Se cuentan con datos sobre las ubicaciones actuales de las plantas y almacenes públicos así como de las posibles ubicaciones de almacenes públicos, se cuenta con información de venta y la distribución de estas por regiones, los costos de producción y capacidades, de igual manera se cuenta con información de las tarifas de los puntos de almacenamiento e información del tamaño del pedido.

Realizando el análisis con WARELOCA, se presentan los mapas para:

Clientes

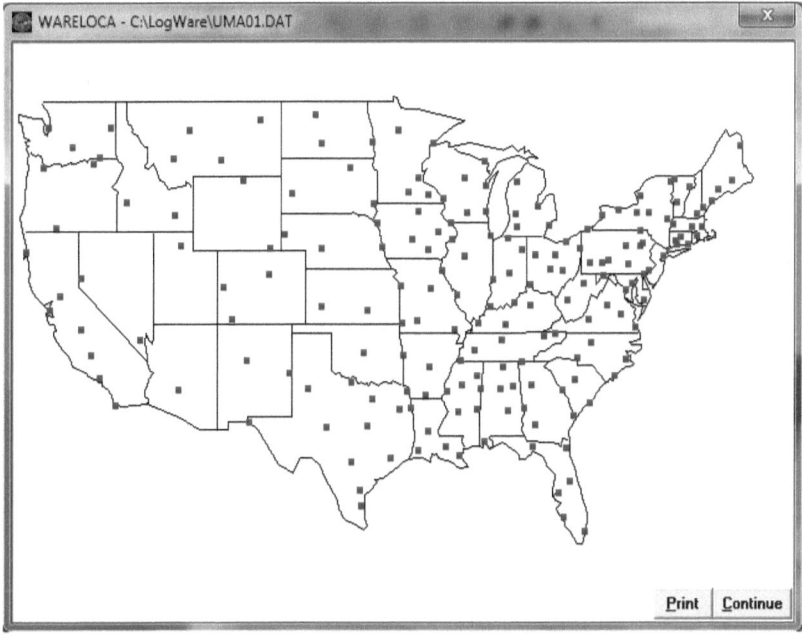

Almacenes

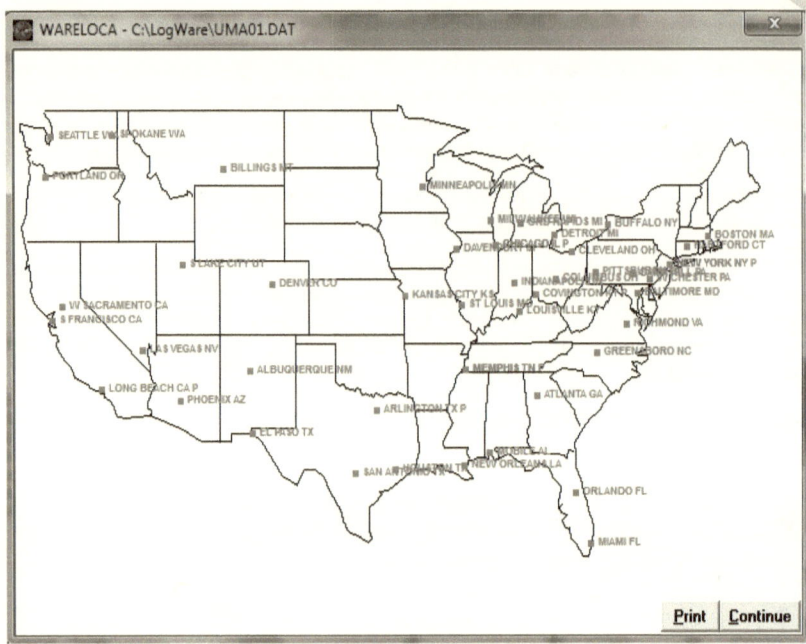

Plantas

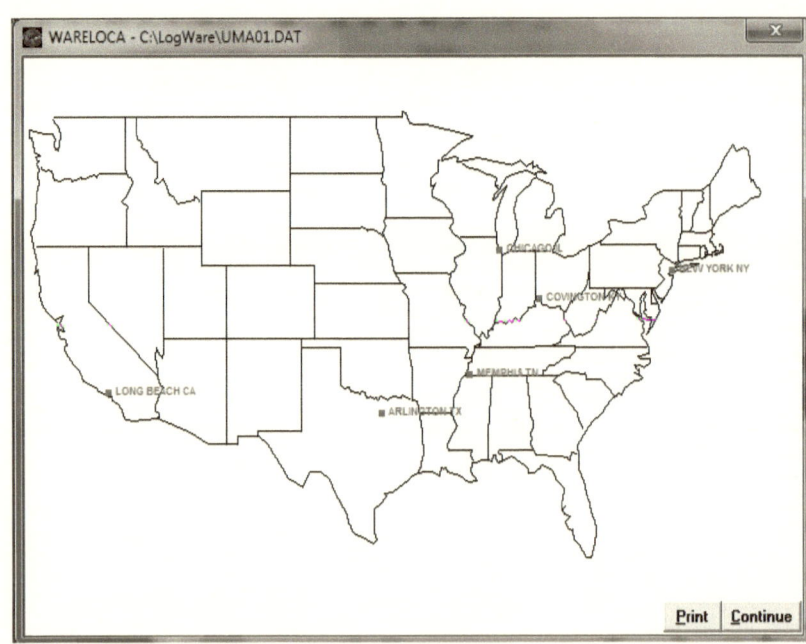

Solución para ubicación de almacenes

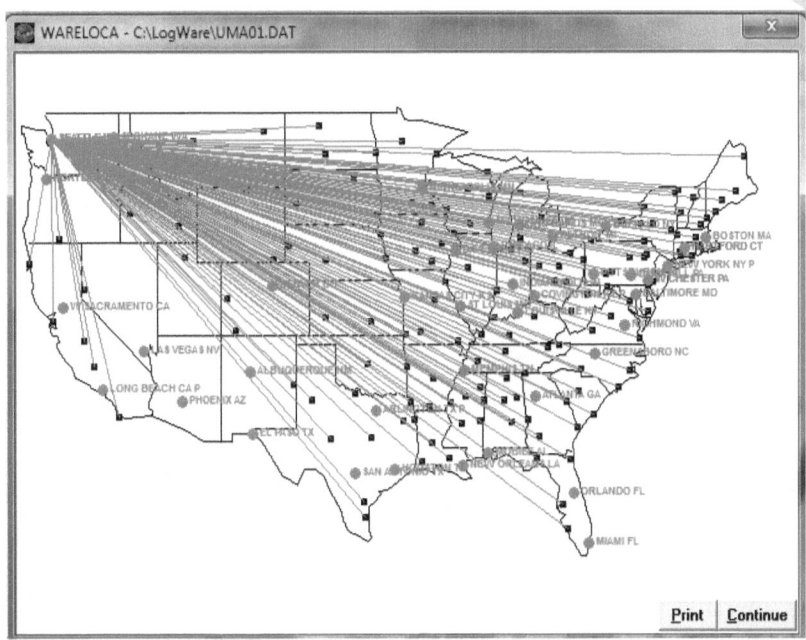

Solución para ubicación de plantas y almacenes

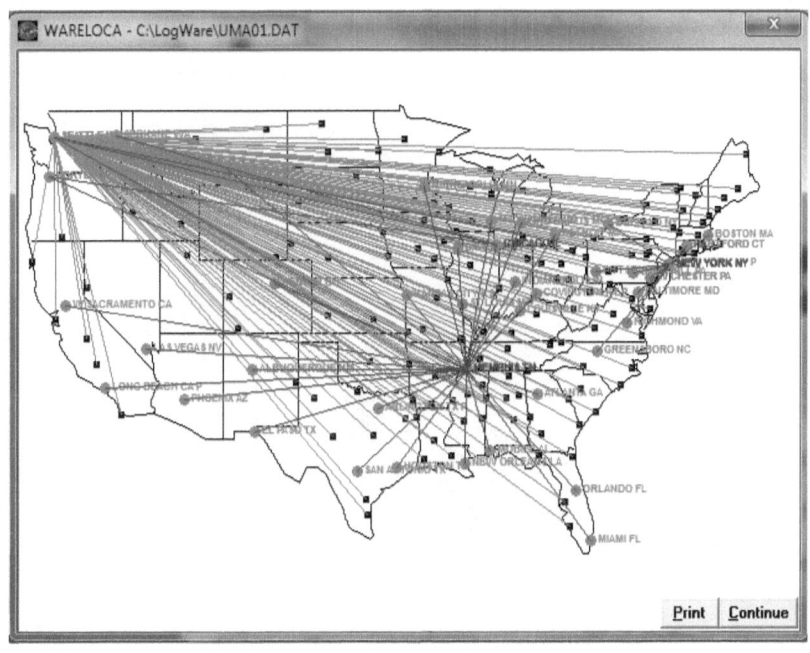

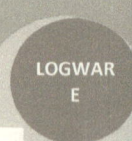

WARELOCA RESULTS

SUMMARY OF ANALYSIS FOR
48 POTENTIAL WAREHOUSE LOCATIONS

```
            -SYSTEM COSTS-
Production costs     $  29157546
Warehouse operations      277989
Order processing          209079
Inventory carrying          1394
Transportation costs
  Inbound to whse              0
  Outbound from whse     4601458
        Total costs $  34247468
```

CUSTOMER SERVICE PROFILE FOR A DESIRED
SERVICE DISTANCE OF 300 MILES

Distance from whse to customer (miles)	Percent of demand	Distance from whse to customer (miles)	Percent of demand
0 to 100	61.1	800 to 900	0.1
100 to 200	0.1	900 to 1000	0.0
200 to 300	0.2	1000 to 1500	1.5
300 to 400	0.0	1500 to 2000	6.0
400 to 500	0.3	2000 to 2500	13.0
500 to 600	0.3	2500 to 3000	13.3
600 to 700	0.8	> 3000	0.1
700 to 800	3.2		-----
		Total	100.0

-PLANT THRUPUT AND COSTS-

Location	Thruput (cwt)	Production costs
COVINGTON KY	0	0
NEW YORK NY	430000	8170000
ARLINGTON TX	0	0
LONG BEACH CA	0	0
MEMPHIS TN	1000000	20000000
CHICAGO IL	47026	987546
Totals	1477026	29157546

-WAREHOUSE THRUPUT AND COSTS-

Whse no	Location	Thruput (cwt)	Whse Total,$	Storage	Handling	Capital
1	COVINGTON KY P	70095	34	0	0	34
2	NEW YORK NY P	117692	34	0	0	34
3	ARLINGTON TX P	38154	34	0	0	34
4	LONG BEACH CA P	73301	34	0	0	34
5	ATLANTA GA	18425	34	0	0	34
6	BOSTON MA	30471	34	0	0	34
7	BUFFALO NY	21605	34	0	0	34
8	CHICAGO IL	60461	60495	0	60461	34
9	CLEVELAND OH	0	0	0	0	0
10	DAVENPORT IA	3359	3393	0	3359	34
11	DETROIT MI	77067	77101	0	77067	34
12	GRD RAPIDS MI	11583	11617	0	11583	34
13	GREENSBORO NC	14079	14113	0	14079	34
14	KANSAS CITY KS	20074	20108	0	20074	34
15	BALTIMORE MD	18604	34	0	0	34
16	MEMPHIS TN	15021	34	0	0	34
17	MILWAUKEE WI	27843	34	0	0	34
18	ORLANDO FL	8673	34	0	0	34
19	PITTSBURGH PA	21553	21587	0	21553	34
20	PORTLAND OR	28996	34	0	0	34
21	W SACRAMENTO CA	6713	6747	0	6713	34
22	W CHESTER PA	25789	34	0	0	34
23	ALBUQUERQUE NM	3406	34	0	0	34
24	BILLINGS MT	2089	34	0	0	34
25	DENVER CO	10106	10140	0	10106	34

26	EL PASO TX	2590	34	0	0	34
27	CAMP HILL PA	4419	34	0	0	34
28	HOUSTON TX	16890	34	0	0	34
29	LAS VEGAS NV	9063	9097	0	9063	34
30	MINNEAPOLIS MN	4531	4565	0	4531	34
31	NEW ORLEANS LA	11527	34	0	0	34
32	PHOENIX AZ	9063	34	0	0	34
33	RICHMOND VA	4686	34	0	0	34
34	ST LOUIS MO	15072	15106	0	15072	34
35	S LAKE CITY UT	0	0	0	0	0
36	SAN ANTONIO TX	12182	34	0	0	34
37	SEATTLE WA	598426	34	0	0	34
38	SPOKANE WA	9944	34	0	0	34
39	S FRANCISCO CA	0	0	0	0	0
40	INDIANAPOLIS IN	24279	24313	0	24279	34
41	LOUISVILLE KY	49	83	0	49	34
42	COLUMBUS OH	0	0	0	0	0
43	NEW YORK NY	0	0	0	0	0
44	HARTFORD CT	9469	34	0	0	34
45	MIAMI FL	14602	34	0	0	34
46	MOBILE AL	5075	34	0	0	34
47	MEMPHIS TN P	0	0	0	0	0
48	CHICAGO IL P	0	0	0	0	0
	Totals	1477026	279383	0	277989	1394

Whse no	Location	Order processing	Transport costs Inbound	Outbound
1	COVINGTON KY P	10942	0	70095
2	NEW YORK NY P	17065	0	353076
3	ARLINGTON TX P	8654	0	76308
4	LONG BEACH CA P	9962	0	293204
5	ATLANTA GA	827	0	18425
6	BOSTON MA	11511	0	121884
7	BUFFALO NY	3660	0	21605
8	CHICAGO IL	7338	0	60461
9	CLEVELAND OH	0	0	0
10	DAVENPORT IA	987	0	6718
11	DETROIT MI	26511	0	77067
12	GRD RAPIDS MI	2825	0	11583
13	GREENSBORO NC	2197	0	14079
14	KANSAS CITY KS	2679	0	20074
15	BALTIMORE MD	2853	0	18604
16	MEMPHIS TN	2502	0	0
17	MILWAUKEE WI	18673	0	27843
18	ORLANDO FL	392	0	17346
19	PITTSBURGH PA	5761	0	43106
20	PORTLAND OR	5207	0	28996
21	W SACRAMENTO CA	930	0	13426
22	W CHESTER PA	6318	0	103156
23	ALBUQUERQUE NM	1919	0	6812
24	BILLINGS MT	628	0	2089
25	DENVER CO	3902	0	20212
26	EL PASO TX	497	0	0
27	CAMP HILL PA	1033	0	13257
28	HOUSTON TX	2600	0	33780
29	LAS VEGAS NV	568	0	9063
30	MINNEAPOLIS MN	2259	0	4531
31	NEW ORLEANS LA	1762	0	11527
32	PHOENIX AZ	2000	0	9063
33	RICHMOND VA	1156	0	4686
34	ST LOUIS MO	681	0	15072
35	S LAKE CITY UT	0	0	0
36	SAN ANTONIO TX	678	0	12182
37	SEATTLE WA	25464	0	2955444
38	SPOKANE WA	3262	0	9944
39	S FRANCISCO CA	0	0	0
40	INDIANAPOLIS IN	5948	0	48558
41	LOUISVILLE KY	12	0	98
42	COLUMBUS OH	0	0	0
43	NEW YORK NY	0	0	0
44	HARTFORD CT	2530	0	28407
45	MIAMI FL	3577	0	14602
46	MOBILE AL	792	0	5075
47	MEMPHIS TN P	0	0	0
48	CHICAGO IL P	0	0	0
	Totals	209079	0	4601458

DEMAND ASSIGNMENTS TO WAREHOUSES AND PLANTS

	Demand center	Warehouse	Plant	Demand	Serv dist
1	PITTSFIELD MA	SEATTLE WA	NEW YORK NY	1214	2794
2	WORCESTER MA	SEATTLE WA	NEW YORK NY	5402	2878
3	BOSTON MA	BOSTON MA	NEW YORK NY	30471	0
4	PROVIDENCE RI	SEATTLE WA	NEW YORK NY	17000	2914
5	MANCHESTER NH	SEATTLE WA	NEW YORK NY	2023	2871
6	ST JOHNSBURY VT	SEATTLE WA	NEW YORK NY	1250	2793
7	ROCHESTER NH	SEATTLE WA	NEW YORK NY	1273	2886
8	PORTLAND ME	SEATTLE WA	NEW YORK NY	4976	2910
9	AUGUSTA ME	SEATTLE WA	NEW YORK NY	5189	2915
10	BANGOR ME	SEATTLE WA	NEW YORK NY	2123	2952
11	PRESQUE ISLE ME	SEATTLE WA	NEW YORK NY	3541	2931
12	BURLINGTON VT	SEATTLE WA	NEW YORK NY	1137	2716
13	RUTLAND VT	SEATTLE WA	NEW YORK NY	1791	2768
14	HARTFORD CT	HARTFORD CT	NEW YORK NY	6362	0
15	NEW LONDON CT	SEATTLE WA	NEW YORK NY	2979	2896
16	NEW HAVEN CT	SEATTLE WA	NEW YORK NY	13739	2852
17	WATERBURY CT	HARTFORD CT	NEW YORK NY	3107	27
18	NEW YORK NY	NEW YORK NY P	NEW YORK NY	117692	0
19	ALBANY NY	SEATTLE WA	NEW YORK NY	4242	2758
20	PLATTSBURG NY	SEATTLE WA	NEW YORK NY	663	2708
21	SYRACUSE NY	SEATTLE WA	NEW YORK NY	5520	2618
22	UTICA NY	SEATTLE WA	NEW YORK NY	1316	2665
23	WATERTOWN NY	SEATTLE WA	NEW YORK NY	1651	2598
24	BINGHAMTON NY	SEATTLE WA	NEW YORK NY	3102	2662
25	BUFFALO NY	BUFFALO NY	NEW YORK NY	21605	0
26	ROCHESTER NY	SEATTLE WA	NEW YORK NY	11031	2534
27	PITTSBURGH PA	PITTSBURGH PA	NEW YORK NY	21553	0
28	JOHNSTOWN PA	SEATTLE WA	NEW YORK NY	5427	2565
29	ERIE PA	SEATTLE WA	NEW YORK NY	6737	2436
30	ALTOONA PA	SEATTLE WA	NEW YORK NY	411	2585
31	HARRISBURG PA	CAMP HILL PA	NEW YORK NY	4419	4
32	WILLIAMSPORT PA	SEATTLE WA	NEW YORK NY	645	2634
33	SCRANTON PA	SEATTLE WA	NEW YORK NY	1051	2701
34	WILKES BARRE PA	SEATTLE WA	NEW YORK NY	2120	2694
35	PHILADELPHIA PA	W CHESTER PA	NEW YORK NY	22745	26
36	WILMINGTON DE	W CHESTER PA	NEW YORK NY	3044	19
37	WASHINGTON DC	SEATTLE WA	NEW YORK NY	19284	2725
38	BALTIMORE MD	BALTIMORE MD	NEW YORK NY	18604	0
39	CUMBERLAND MD	SEATTLE WA	NEW YORK NY	1857	2599
40	SALISBURY MD	SEATTLE WA	NEW YORK NY	693	2824
41	CHARLTSVILLE VA	SEATTLE WA	NEW YORK NY	1254	2680
42	RICHMOND VA	RICHMOND VA	NEW YORK NY	4686	0
43	NORFOLK VA	SEATTLE WA	NEW YORK NY	6859	2851
44	ROANOKE VA	SEATTLE WA	NEW YORK NY	4868	2632
45	CHARLESTON WV	SEATTLE WA	NEW YORK NY	3463	2495
46	CLARKSBURG WV	SEATTLE WA	NEW YORK NY	5705	2529
47	GREENSBORO NC	GREENSBORO NC	NEW YORK NY	14079	0
48	CHARLOTTE NC	SEATTLE WA	NEW YORK NY	10097	2677
48	CHARLOTTE NC	SEATTLE WA	MEMPHIS TN	280	2677
49	WILMINGTON NC	SEATTLE WA	MEMPHIS TN	2595	2882
50	NEW BERN NC	SEATTLE WA	MEMPHIS TN	1297	2887
51	COLUMBIA SC	SEATTLE WA	MEMPHIS TN	2196	2725
52	CHARLESTON SC	SEATTLE WA	MEMPHIS TN	3484	2845
53	ATLANTA GA	ATLANTA GA	MEMPHIS TN	18425	0
54	AUGUSTA GA	SEATTLE WA	MEMPHIS TN	1918	2698
55	SAVANNAH GA	SEATTLE WA	MEMPHIS TN	1279	2815
56	ALBANY GA	SEATTLE WA	MEMPHIS TN	1225	2678
57	COLUMBUS GA	SEATTLE WA	MEMPHIS TN	712	2590
58	JACKSONVILLE FL	SEATTLE WA	MEMPHIS TN	6627	2876
59	TALLAHASSE FL	SEATTLE WA	MEMPHIS TN	1972	2733
60	ORLANDO FL	ORLANDO FL	MEMPHIS TN	8673	0
61	MIAMI FL	MIAMI FL	MEMPHIS TN	14602	0
62	TAMPA FL	SEATTLE WA	MEMPHIS TN	12562	2976
63	FT MYERS FL	SEATTLE WA	MEMPHIS TN	2059	3071
64	BIRMINGHAM AL	SEATTLE WA	MEMPHIS TN	5196	2438
65	HUNTSVILLE AL	SEATTLE WA	MEMPHIS TN	3354	2390
66	MONTGOMERY AL	SEATTLE WA	MEMPHIS TN	1692	2525
67	ANNISTON AL	SEATTLE WA	MEMPHIS TN	518	2483
68	MOBILE AL	MOBILE AL	MEMPHIS TN	5075	0
69	NASHVILLE TN	SEATTLE WA	MEMPHIS TN	13154	2313
70	CHATTANOOGA TN	SEATTLE WA	MEMPHIS TN	4580	2451
71	KINGSPORT TN	SEATTLE WA	MEMPHIS TN	1804	2523
72	KNOXVILLE TN	SEATTLE WA	MEMPHIS TN	4464	2480

73	MEMPHIS TN	MEMPHIS TN	MEMPHIS TN	15021	0
74	JACKSON TN	SEATTLE WA	MEMPHIS TN	3456	2224
75	GREENVILLE MS	SEATTLE WA	MEMPHIS TN	1601	2225
76	TUPELO MS	SEATTLE WA	MEMPHIS TN	4391	2301
77	GRENADA MS	SEATTLE WA	MEMPHIS TN	2194	2269
78	JACKSON MS	SEATTLE WA	MEMPHIS TN	4689	2327
79	MERIDIAN MS	SEATTLE WA	MEMPHIS TN	1561	2396
80	COLUMBUS MS	SEATTLE WA	MEMPHIS TN	769	2351
81	LOUISVILLE KY	LOUISVILLE KY	MEMPHIS TN	49	0
82	LEXINGTON KY	SEATTLE WA	MEMPHIS TN	4	2352
83	PADUCAH KY	SEATTLE WA	MEMPHIS TN	2309	2172
84	BOWLING GREEN K	SEATTLE WA	MEMPHIS TN	1508	2293
85	COLUMBUS OH	SEATTLE WA	MEMPHIS TN	20752	2355
86	ZANESVILLE OH	SEATTLE WA	MEMPHIS TN	3378	2410
87	CLEVELAND OH	SEATTLE WA	MEMPHIS TN	33056	2372
88	YOUNGSTOWN OH	SEATTLE WA	MEMPHIS TN	13045	2440
89	MANSFIELD OH	SEATTLE WA	MEMPHIS TN	10941	2350
90	CINCINNATI OH	COVINGTON KY P	MEMPHIS TN	70095	0
91	LIMA OH	SEATTLE WA	MEMPHIS TN	3856	2266
92	INDIANAPOLIS IN	INDIANAPOLIS IN	MEMPHIS TN	24279	0
93	SOUTH BEND IN	SEATTLE WA	MEMPHIS TN	5858	2115
94	FORT WAYNE IN	SEATTLE WA	MEMPHIS TN	9472	2197
95	EVANSVILLE IN	SEATTLE WA	MEMPHIS TN	3822	2188
96	TERRE HAUTE IN	SEATTLE WA	MEMPHIS TN	563	2136
97	DETROIT MI	DETROIT MI	MEMPHIS TN	77067	0
98	SAGINAW MI	SEATTLE WA	MEMPHIS TN	5932	2184
99	KALAMAZOO MI	SEATTLE WA	MEMPHIS TN	7372	2132
100	GRAND RAPIDS MI	GRD RAPIDS MI	MEMPHIS TN	11583	0
101	TRAVERSE CTY MI	SEATTLE WA	MEMPHIS TN	2831	2053
102	IRON MT MI	SEATTLE WA	MEMPHIS TN	396	1893
103	DES MOINES IA	SEATTLE WA	MEMPHIS TN	14778	1710
104	MASON CITY IA	SEATTLE WA	MEMPHIS TN	1286	1686
105	SIOUX CITY IA	SEATTLE WA	MEMPHIS TN	3256	1533
106	DUBUQUE IA	SEATTLE WA	MEMPHIS TN	1584	1845
107	CEDAR RAPIDS IA	SEATTLE WA	MEMPHIS TN	7494	1809
108	OTTUMWA IA	SEATTLE WA	MEMPHIS TN	418	1802
109	DAVENPORT IA	DAVENPORT IA	MEMPHIS TN	3359	0
110	MILWAUKEE WI	MILWAUKEE WI	MEMPHIS TN	27843	0
111	MADISON WI	SEATTLE WA	MEMPHIS TN	4323	1897
112	GREEN BAY WI	SEATTLE WA	MEMPHIS TN	2520	1929
113	WAUSAU WI	SEATTLE WA	MEMPHIS TN	2102	1829
114	LA CROSSE WI	SEATTLE WA	MEMPHIS TN	642	1773
115	MINNEAPOLIS MN	MINNEAPOLIS MN	MEMPHIS TN	4531	0
116	DULUTH MN	SEATTLE WA	MEMPHIS TN	203	1654
117	ROCHESTER MN	SEATTLE WA	MEMPHIS TN	50	1701
118	MANKATO MN	SEATTLE WA	MEMPHIS TN	829	1613
119	BEMIDJI MN	SEATTLE WA	MEMPHIS TN	25	1496
120	SIOUX FALLS SD	SEATTLE WA	MEMPHIS TN	245	1484
121	ABERDEEN SD	SEATTLE WA	MEMPHIS TN	230	1330
122	RAPID CITY SD	SEATTLE WA	MEMPHIS TN	574	1116
123	FARGO ND	SEATTLE WA	MEMPHIS TN	2214	1400
124	BISMARCK ND	SEATTLE WA	MEMPHIS TN	2870	1184
125	MINOT ND	SEATTLE WA	MEMPHIS TN	619	1138
126	BILLINGS MT	BILLINGS MT	MEMPHIS TN	2089	0
127	WOLF POINT MT	SEATTLE WA	MEMPHIS TN	38	906
128	GREAT FALLS MT	SEATTLE WA	MEMPHIS TN	341	603
129	BUTTE MT	SEATTLE WA	MEMPHIS TN	1672	560
130	CHICAGO IL	CHICAGO IL	MEMPHIS TN	60461	0
131	PEORIA IL	SEATTLE WA	MEMPHIS TN	11254	1967
132	QUINCY IL	SEATTLE WA	MEMPHIS TN	1142	1902
133	ST LOUIS MO	ST LOUIS MO	MEMPHIS TN	15072	0
134	POPLAR BLUFF MO	SEATTLE WA	MEMPHIS TN	271	2090
135	KANSAS CITY MO	KANSAS CITY KS	MEMPHIS TN	20074	0
136	JOPLIN MO	SEATTLE WA	MEMPHIS TN	1554	1860
137	COLUMBIA MO	SEATTLE WA	MEMPHIS TN	2039	1896
138	SPRINGFIELD MO	SEATTLE WA	MEMPHIS TN	1622	1917
139	WICHITA KS	SEATTLE WA	MEMPHIS TN	6961	1685
140	GARDEN CITY MO	SEATTLE WA	MEMPHIS TN	1048	1492
141	OMAHA NE	SEATTLE WA	MEMPHIS TN	6610	1601
142	NORTH PLATTE NE	SEATTLE WA	MEMPHIS TN	730	1349
143	SCOTTSBLUFF NE	SEATTLE WA	MEMPHIS TN	7	1168
144	NEW ORLEANS LA	NEW ORLEANS LA	MEMPHIS TN	11527	0
145	LAKE CHARLES LA	SEATTLE WA	MEMPHIS TN	346	2294
146	BATON ROUGE LA	SEATTLE WA	MEMPHIS TN	1668	2381
147	SHREVEPORT LA	SEATTLE WA	MEMPHIS TN	1415	2137
148	ALEXANDRIA LA	SEATTLE WA	MEMPHIS TN	55	2268
149	EL DORADO AR	SEATTLE WA	MEMPHIS TN	1592	2151

150	LITTLE ROCK AR	SEATTLE WA	MEMPHIS TN	136	2089
151	FT SMITH AR	SEATTLE WA	MEMPHIS TN	3182	1952
152	OKLAHOMA CITY O	SEATTLE WA	MEMPHIS TN	13517	1786
153	DALLAS TX	ARLINGTON TX P	MEMPHIS TN	38154	0
154	TEXARKANA TX	SEATTLE WA	MEMPHIS TN	1128	2069
155	LONGVIEW TX	SEATTLE WA	MEMPHIS TN	1737	2091
156	WICHITA FLS TX	SEATTLE WA	MEMPHIS TN	913	1826
157	WACO TX	SEATTLE WA	MEMPHIS TN	245	2026
158	SAN ANGELO TX	SEATTLE WA	MEMPHIS TN	1324	1883
159	HOUSTON TX	HOUSTON TX	MEMPHIS TN	16890	0
160	SAN ANTONIO TX	SAN ANTONIO TX	MEMPHIS TN	12182	0
161	CORPUS CRSTI TX	SEATTLE WA	MEMPHIS TN	1142	2214
162	HARLINGEN TX	SEATTLE WA	MEMPHIS TN	2839	2276
163	LUBBOCK TX	SEATTLE WA	MEMPHIS TN	1294	1689
164	EL PASO TX	EL PASO TX	MEMPHIS TN	2590	0
165	DENVER CO	DENVER CO	MEMPHIS TN	10106	0
166	DURANGO CO	SEATTLE WA	MEMPHIS TN	730	1201
167	GRD JUNCTION CO	SEATTLE WA	MEMPHIS TN	311	1067
168	CHEYENNE WY	SEATTLE WA	MEMPHIS TN	990	1140
169	SHERIDAN WY	SEATTLE WA	MEMPHIS TN	14	891
170	POCATELLO ID	SEATTLE WA	MEMPHIS TN	3644	681
171	BOISE ID	SEATTLE WA	MEMPHIS TN	3509	476
172	OGDEN UT	SEATTLE WA	MEMPHIS TN	9001	793
173	PHOENIX AZ	PHOENIX AZ	MEMPHIS TN	9063	0
174	ALBUQUERQUE NM	ALBUQUERQUE NM	MEMPHIS TN	3406	0
175	CLOVIS NM	SEATTLE WA	MEMPHIS TN	130	1576
176	LAS VEGAS NV	LAS VEGAS NV	MEMPHIS TN	9063	0
177	RENO NV	SEATTLE WA	MEMPHIS TN	7692	674
178	LOS ANGELES CA	LONG BEACH CA P	MEMPHIS TN	73301	0
179	SAN DIEGO CA	SEATTLE WA	MEMPHIS TN	11711	1259
180	BAKERSFIELD CA	SEATTLE WA	MEMPHIS TN	212	1015
181	FRESNO CA	SEATTLE WA	MEMPHIS TN	1656	894
182	OAKLAND CA	SEATTLE WA	MEMPHIS TN	39240	799
183	ARCATA CA	SEATTLE WA	MEMPHIS TN	2283	557
184	SACRAMENTO CA	W SACRAMENTO CA	MEMPHIS TN	6713	0
185	PORTLAND OR	PORTLAND OR	MEMPHIS TN	16776	0
185	PORTLAND OR	PORTLAND OR	CHICAGO IL	12220	0
186	KLAMATH FLS OR	SEATTLE WA	CHICAGO IL	815	440
187	PENDLETON OR	SEATTLE WA	CHICAGO IL	1554	253
188	SEATTLE WA	SEATTLE WA	CHICAGO IL	18343	0
189	YAKIMA WA	SEATTLE WA	CHICAGO IL	2109	132
190	SPOKANE WA	SPOKANE WA	CHICAGO IL	9944	0
191	WALLA WALLA WA	SEATTLE WA	CHICAGO IL	2041	256

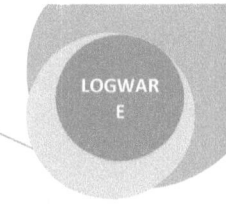

SCSIM

Essen USA

Essen es una compañía alemana de caramelos que fabrica y distribuya chocolates y otros tipos de dulces en Europa y Estados Unidos. Para el mercado estadounidense los caramelos se fabrican en Essen, Alemania, y se envían a través del puerto de Amsterdam, en Holanda.

El producto ingresa a Estados Unidos por el puerto de New Jersey y se deposita en un almacén en Edison, Nueva Jersey.

A partir de este almacén central, el producto se redistribuye a los almacenes de las compañías que lo adquieren, que a lo vez lo envían a sus tiendas de menudeo. Estos comparadores por lo general son grandes minoristas como Wal-Mart, Walgreens, Giant Eagle, así como otros pequeños minoristas que compran a través de distribuidores. El costo de distribución y servicio al cliente de Essen son afectados por el flujo del producto a través del canal completo de distribución.

Aunque Essen controla directamente solo una parte de la cadena de suministros, una buena planeación de la cadena completa de suministros podría beneficiar a Essen, a sus compradores y por último a sus clientes. Essen podría ser capaz de influir en sus clientes mediante descuentos de precio-cantidad u otros incentivos, si pudiera estimar el efecto que estos tendrían sobre sus miembros inferiores del canal.

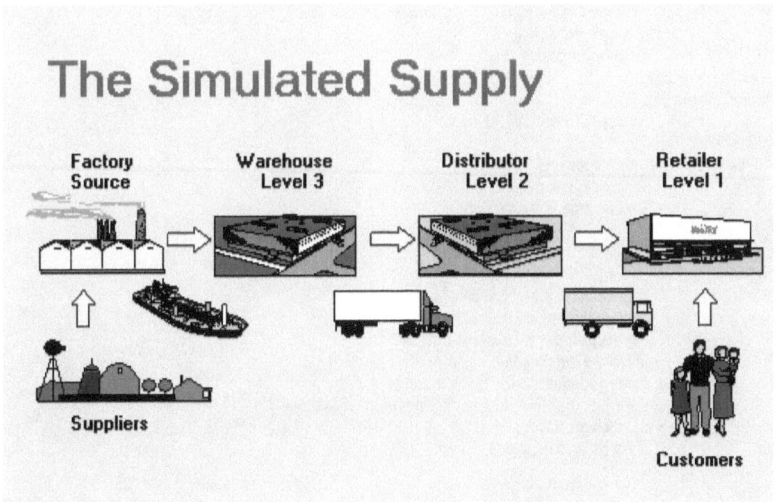

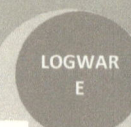

SIMULATION DATABASE

Title: Compañia Alemana Essen

Initialization

123456	Seed value
2	Length of simulation, years
2890	Selling price, $/unit

Customer demand pattern
Generate daily demand

100	Average daily demand, units
15	Standard deviation of daily demand, units
1	Annual demand growth increment, %

Monthly seasonal indices

Month	Index	Month	Index	Month	Index	Month	Index
1	0,25	4	0,75	7	0,75	10	0,75
2	1,25	5	0,75	8	0,75	11	1,5
3	1,25	6	0,75	9	0,75	12	2,5

Retailer/Level 1
Product item data

2220	Item value in inventory, $/unit
1	Customer order filling cost, $/unit
35	Purchase order processing cost, $/order
25	Inventory carrying cost, %/year
1	Average customer order fill time, days
0	Customer order fill time standard deviation, days
98	In-stock probability, %
670	Back order cost, $/unit

Forecasting method
  Moving average

7	Number of periods

Reorder policy
  Stock-to-demand control method

10	Target days of inventory
7	Review time in days

Distributor/Level 2
Product item data

2220	Item value in inventory, $/unit
20	Retailer order filling cost, $/unit
75	Purchase order processing cost, $/order
25	Inventory carrying cost, %/year
2	Average retailer order fill time, days
0	Retailer order fill time standard deviation, days
95	In-stock probability, %
100	Back order cost, $/unit

Forecasting method
  Moving average

30	Number of periods

Reorder policy
  Stock-to-demand control method

45	Target days of inventory
30	Review time in days

Warehouse/Level 3
Product item data

1710	Item value in inventory, $/unit

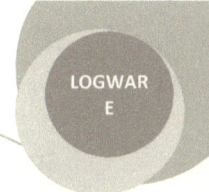

15	Distributor order filling cost, $/unit
75	Purchase order processing cost, $/order
20	Inventory carrying cost, %/year
3	Average distributor order fill time, days
0	Distributor order fill time standard deviation, days
95	In-stock probability, %
25	Back order cost, $/unit

Forecasting method
Moving average

360	Number of periods

Reorder policy
Stock-to-demand control method

90	Target days of inventory
30	Review time in days

Factory/Source
Product item data

850	Production cost, $/unit
10	Minimum production lot size, units
10	Warehouse order filling cost, $/unit
8	Average production time, days
2	Production time standard deviation, days
1000	Purchase cost, $/unit

Transportation
Transport between Distributor and Retailer

25	Transport cost, $/unit
1	Average time in-transit, days
0	Transit time standard deviation, days

Transport between Warehouse and Distributor

70	Transport cost, $/unit
5	Average time in-transit, days
1	Transit time standard deviation, days

Transport between Factory and Warehouse

78	Transport cost, $/unit
9	Average time in-transit, days
3	Transit time standard deviation, days

WAREHOUSE REPORT FOR SIMULATED YEARS 1 TO 3
Forecasting method: Exponential smoothing
Inventory control method: Reorder point

Yearly average	Simulated period	PERFORMANCE STATISTICS
11.403	34.210	Sales Forecast, units
19.497	58.491	Warehouse sales to distributor, units
2.411,88		Average inventory on hand, units
8,08		Inventory turnover ratio
762,31		Daily back orders, units
<50%		Average demand on request
6.324,67	18.974	Back order occurrences
579		Daily quantity on order, units
2	5	Number of orders placed
		FINANCIAL PERFORMANCE
,00	0	Cost to process factory orders
,00	0	Cost for handling distributor orders
,00	0	Cost for carrying inventory
,00	0	Cost for back orders
,00	0	Cost for transport to distributor
$,00	$0	Total cost

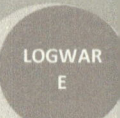
SUPPLY CHANNEL REPORT FOR SIMULATED YEARS 1 TO 2

Yearly average	Simulated period	FINANCIAL PERFORMANCE
$0	$0	Revenue
0	0	Cost of purchased goods
0	0	Gross margin
0	0	Production cost
		Transportation costs:
0	0	Distributor to retailer
0	0	Warehouse to distributor
0	0	Factory to warehouse
		Sales order handling cost for:
0	0	Customer orders
0	0	Retailer orders
0	0	Distributor orders
		Order processing cost for:
0	0	Orders to distributor
0	0	Orders to warehouses
0	0	Orders to factory
		Inventory costs
0	0	Retailer
0	0	Distributor
0	0	Warehouse
		Back order costs
0	0	Retailer
0	0	Distributor
0	0	Warehouse
$0	$0	Net profit contribution

DISTRIBUTOR REPORT FOR SIMULATED YEARS 1 TO 3

Forecasting method: Exponential smoothing
Inventory control method: Reorder point

Yearly average	Simulated period	PERFORMANCE STATISTICS
10.989	32.966	Sales Forecast, units
11.028	33.083	Distributor sales to retailer, units
2.363,20		Average inventory on hand, units
4,67		Inventory turnover ratio
205		Daily back orders, units
<50%		Average demand filled on request
2.238	6.714	Back order occurrences
1.008		Daily quantity on order, units
2	6	Number of orders placed
		FINANCIAL PERFORMANCE
,00	0	Cost to process warehouse orders
,00	0	Cost for handling retailer orders
,00	0	Cost for carrying inventory
,00	0	Cost for back orders
,00	0	Cost for transport to retailer
$,00	$0	Total cost

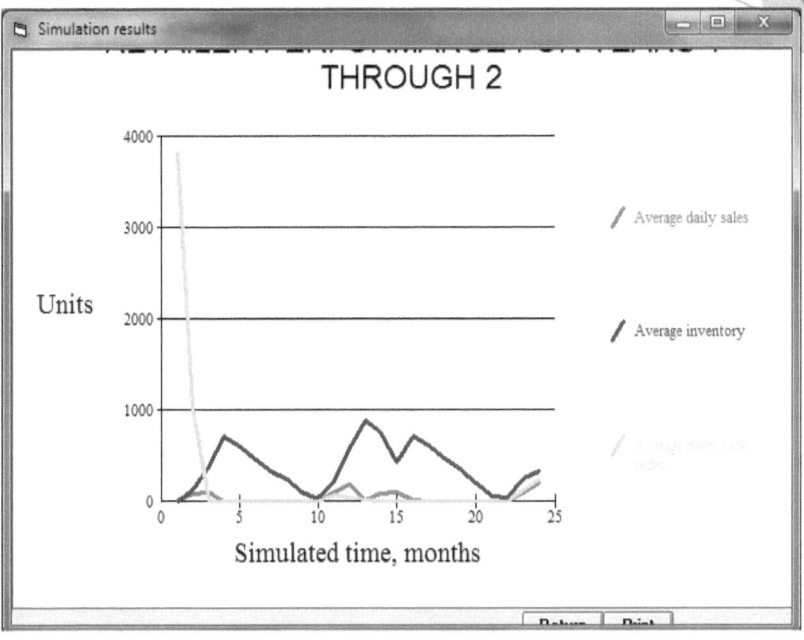

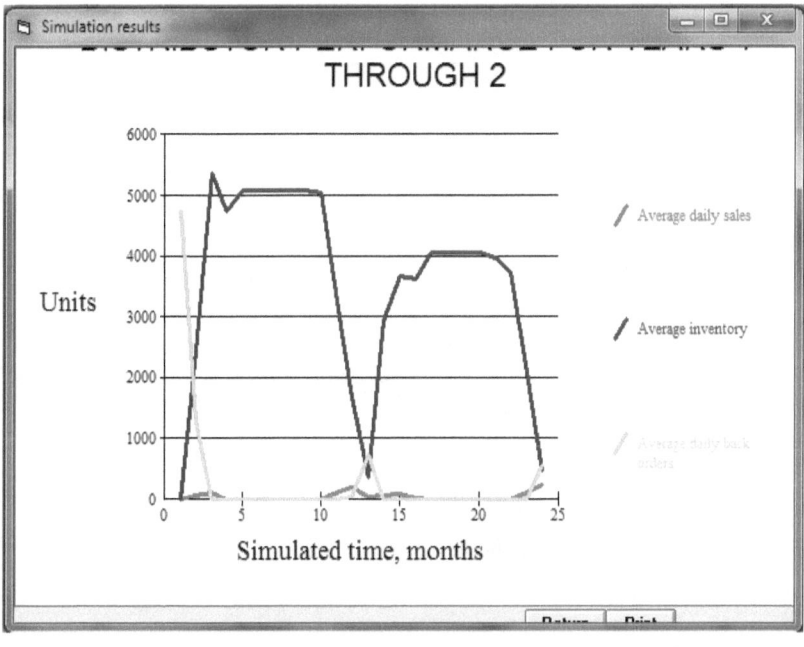

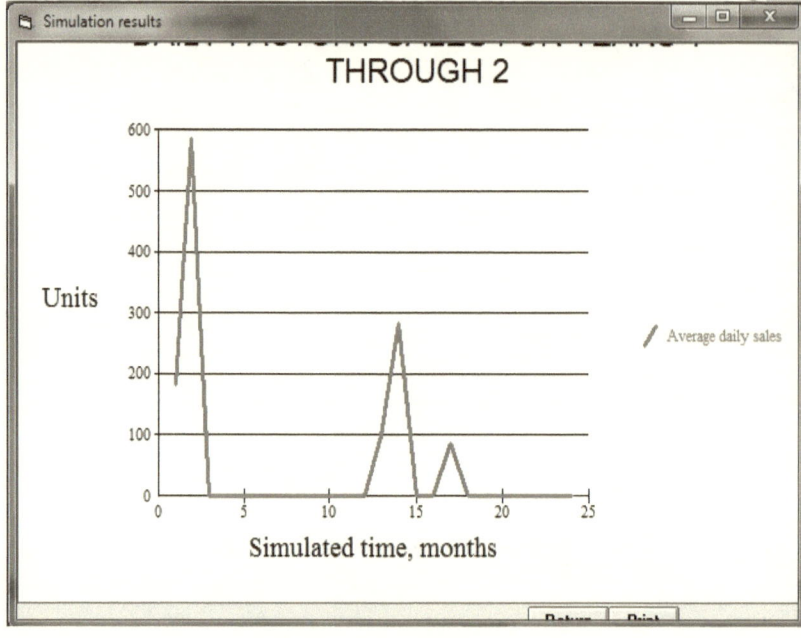

Simulation results

THROUGH 2

Units

Average daily sales

Simulated time, months

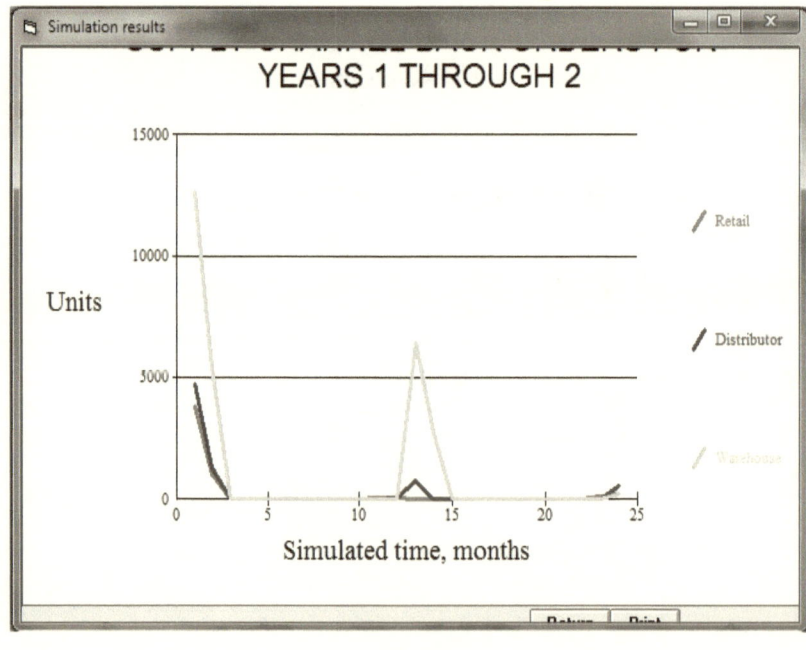

Simulation results

YEARS 1 THROUGH 2

Units

Retail

Distributor

Warehouse

Simulated time, months

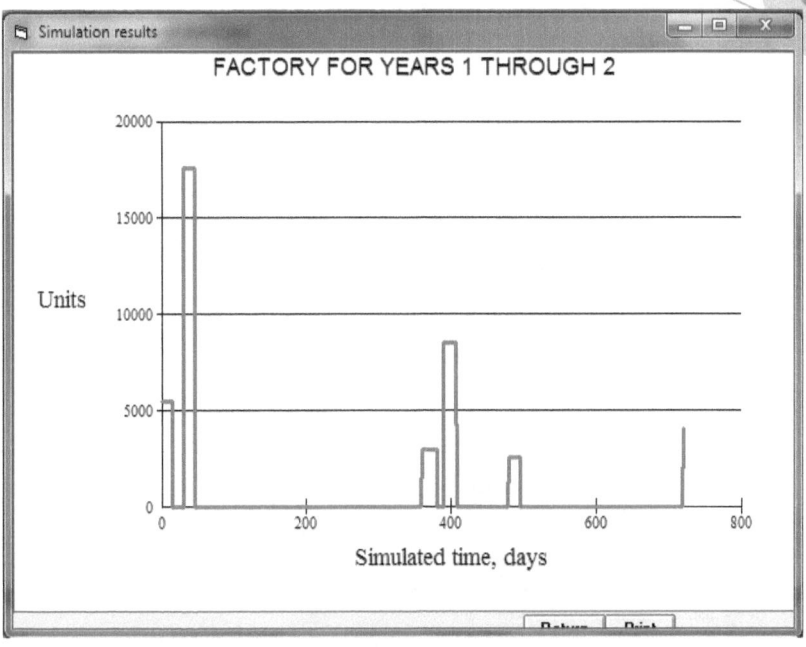

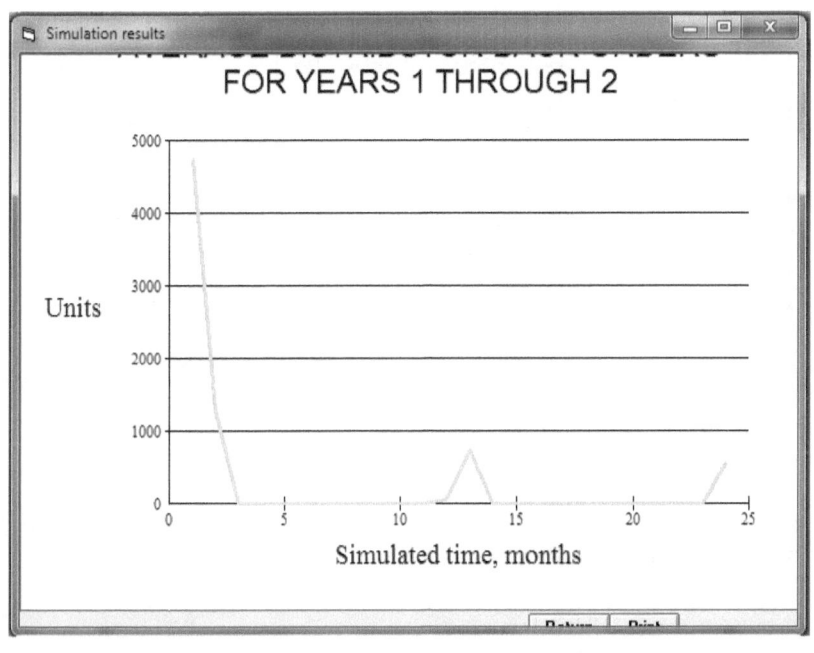

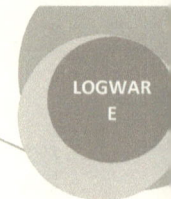
INPOL

EJEMPLO.

Se busca determinar cuál es el inventario ideal para reducir costos, no tener perdidas por falta del producto. Se consideran dos productos donde el costo de preparar y transmitir un pedido es de $15. El costo anual por manejo de inventarios es de 25% - 0.0048 por semana el costo por internet, cel., tel. para hacer un pedido es de $15 a $17

ARTICULO	DEMANDA SEMANAL	DESVIACION ESTÁNDAR SEMANAL	PRECIO UNITARIO	TIEMPO DE ENTRAGA
1	113	30	1.32	10.6
2	490	101	0.51	9.5

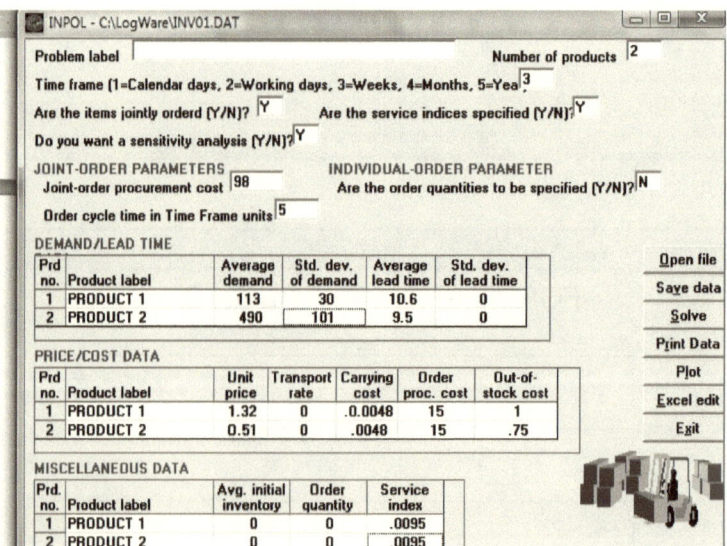

Product 1
Periodic Review Policy

Average inventory	280
Order quantity	565
Max level	1,760
Order review time	5.00
Turnover ratio	21
Investment	$369
Demand in-stock	91.40%

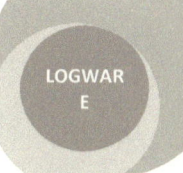
Estimated annual costs for periodic review policy

Purchase cost	$7,756
Transport cost	0
Carrying cost	0
Order proc. cost	666
Out-of-stk cost	505
Safety stk cost	0
Total cost	$8,927

Product 2
Periodic Review Policy

Average inventory	1,215
Order quantity	2,450
Max level	7,095
Order review time	5.00
Turnover ratio	21
Investment	$0
Demand in-stock	93.56%

Estimated annual costs for periodic review policy

Purchase cost	$0
Transport cost	0
Carrying cost	0
Order proc. cost	666
Out-of-stk cost	1,231
Safety stk cost	0
Total cost	$1,897

SUMMARY DATA

Periodic review policy

Purchase cost	$7,756
Transport cost	0
Carrying cost	0
Order proc. cost	1,332
Out-of-stk cost	1,736
Safety stk cost	0
Total cost	$10,824
Total investment	$369

Sensitivity Analysis Results for Periodic Review System

Product 1

Service index	Service level, %	Max level	Review time, wk	Average inventory	Total cost, $
.50	91.63	1,763	5.00	283	8,914
.51	91.92	1,766	5.00	285	8,897
.52	92.15	1,769	5.00	288	8,883
.53	92.40	1,772	5.00	291	8,869
.54	92.65	1,775	5.00	294	8,854
.55	92.88	1,778	5.00	297	8,840
.56	93.12	1,781	5.00	300	8,826
.57	93.35	1,784	5.00	303	8,813
.58	93.58	1,787	5.00	306	8,799
.59	93.81	1,790	5.00	309	8,786
.60	94.02	1,793	5.00	313	8,773
.61	94.18	1,795	5.00	315	8,764
.62	94.45	1,799	5.00	319	8,748
.63	94.66	1,802	5.00	322	8,736
.64	94.86	1,805	5.00	325	8,724
.65	95.06	1,808	5.00	328	8,712
.66	95.26	1,812	5.00	331	8,701
.67	95.45	1,815	5.00	335	8,689
.68	95.64	1,818	5.00	338	8,678
.69	95.82	1,822	5.00	341	8,667
.70	96.01	1,825	5.00	345	8,657
.71	96.17	1,828	5.00	348	8,647
.72	96.36	1,832	5.00	352	8,636
.73	96.54	1,835	5.00	355	8,626

.74	96.69	1,839	5.00	358	8,617
.75	96.87	1,843	5.00	362	8,606
.76	97.03	1,847	5.00	366	8,596
.77	97.21	1,851	5.00	370	8,586
.78	97.35	1,854	5.00	374	8,578
.79	97.51	1,858	5.00	378	8,568
.80	97.68	1,863	5.00	383	8,558
.81	97.81	1,867	5.00	387	8,551
.82	97.95	1,871	5.00	391	8,542
.83	98.10	1,876	5.00	396	8,534
.84	98.23	1,881	5.00	400	8,526
.85	98.37	1,886	5.00	405	8,518
.86	98.50	1,891	5.00	410	8,510
.87	98.63	1,896	5.00	416	8,502
.88	98.76	1,902	5.00	422	8,495
.89	98.89	1,908	5.00	428	8,487
.90	99.01	1,915	5.00	434	8,480
.91	99.12	1,922	5.00	441	8,474
.92	99.24	1,929	5.00	449	8,467
.93	99.35	1,938	5.00	457	8,460
.94	99.46	1,947	5.00	467	8,454
.95	99.56	1,958	5.00	477	8,448
.96	99.66	1,970	5.00	490	8,442
.97	99.76	1,986	5.00	505	8,436
.98	99.85	2,006	5.00	526	8,431
.99	99.93	2,039	5.00	559	8,426
1.00	100.00	1,186,668	5.00	1,185,188	8,422

Sensitivity Analysis Results for Periodic Review System

Product 2

Service index	Service level, %	Max level	Review time, wk	Average inventory	Total cost, $
.50	93.74	7,105	5.00	1,225	1,863
.51	93.95	7,115	5.00	1,235	1,822
.52	94.12	7,124	5.00	1,244	1,789
.53	94.31	7,134	5.00	1,254	1,753
.54	94.49	7,144	5.00	1,264	1,718
.55	94.67	7,153	5.00	1,273	1,684
.56	94.85	7,163	5.00	1,283	1,650
.57	95.03	7,173	5.00	1,293	1,617
.58	95.19	7,182	5.00	1,302	1,585
.59	95.36	7,192	5.00	1,312	1,552
.60	95.53	7,202	5.00	1,322	1,521
.61	95.64	7,210	5.00	1,330	1,498
.62	95.84	7,223	5.00	1,343	1,460
.63	96.00	7,233	5.00	1,353	1,430
.64	96.15	7,243	5.00	1,363	1,401
.65	96.30	7,253	5.00	1,373	1,372
.66	96.45	7,264	5.00	1,384	1,345
.67	96.60	7,274	5.00	1,394	1,317
.68	96.74	7,285	5.00	1,405	1,290
.69	96.87	7,296	5.00	1,416	1,263
.70	97.01	7,307	5.00	1,427	1,237
.71	97.13	7,317	5.00	1,437	1,214
.72	97.28	7,329	5.00	1,449	1,186
.73	97.41	7,341	5.00	1,461	1,162

.74	97.52	7,351	5.00	1,471	1,140
.75	97.66	7,364	5.00	1,484	1,114
.76	97.78	7,377	5.00	1,497	1,090
.77	97.91	7,390	5.00	1,510	1,066
.78	98.02	7,402	5.00	1,522	1,045
.79	98.14	7,415	5.00	1,535	1,022
.80	98.27	7,431	5.00	1,551	997
.81	98.36	7,443	5.00	1,563	980
.82	98.47	7,457	5.00	1,577	959
.83	98.58	7,472	5.00	1,592	937
.84	98.68	7,488	5.00	1,608	919
.85	98.78	7,504	5.00	1,624	899
.86	98.88	7,520	5.00	1,640	880
.87	98.98	7,538	5.00	1,658	862
.88	99.07	7,557	5.00	1,677	843
.89	99.17	7,577	5.00	1,697	825
.90	99.26	7,598	5.00	1,718	808
.91	99.34	7,620	5.00	1,740	791
.92	99.43	7,645	5.00	1,765	775
.93	99.51	7,672	5.00	1,792	759
.94	99.59	7,703	5.00	1,823	743
.95	99.67	7,738	5.00	1,858	729
.96	99.75	7,778	5.00	1,898	715
.97	99.82	7,828	5.00	1,948	701
.98	99.89	7,895	5.00	2,015	688
.99	99.95	8,001	5.00	2,121	676
1.00	100.00	3,853,070	5.00	3,847,190	666

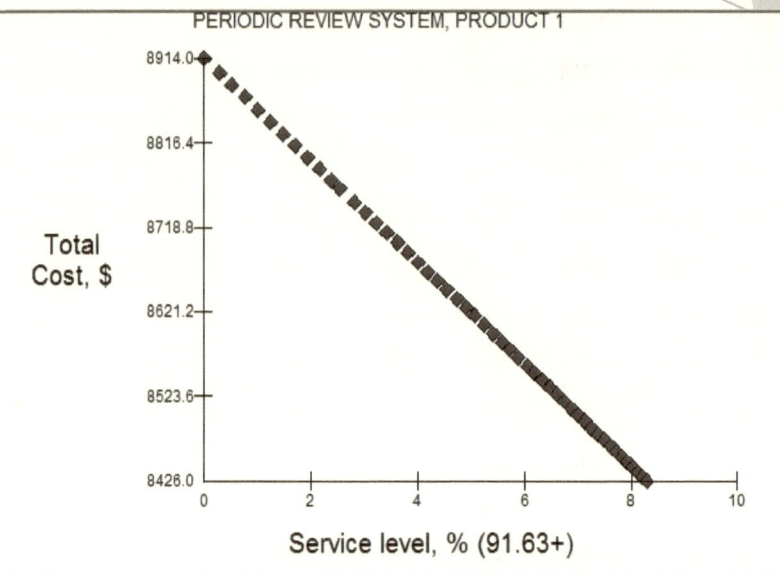

PERIODIC REVIEW SYSTEM, PRODUCT 1

Total Cost, $

Service level, % (91.63+)

COG

Se requiere ubicar un centro comercial tomando en base al volumen de personas que se desplaza 10 centros generadores de viajes y sus respectivos costos por km desplazado.

COG - C:\LogWare\CENTRO COMERCIAL.dat   X

Problem label: **UBICAR CENTRO COMERCIAL**

Power factor (T): 0.5

Map scaling factor (K): 1

Point no.	Point label	X coor- dinate	Y coor- dinate	Volume	Transport rate
1	A	50	0	9000	0.75
2	B	10	10	1600	0.60
3	C	30	15	3000	0.48
4	D	40	20	700	0.70
5	E	10	25	2000	0.35
6	F	40	30	400	0.80
7	G	0	35	500	0.75
8	H	5	45	8000	0.45
9	I	40	45	1500	0.60
10	J	20	50	4000	0.50

Add row   Delete row

Column Arithmetic

Open file   Save data

Solve   Plot

Print data   Exit

Excel edit

COG - C:\LogWare\CENTRO COMERCIAL.dat

EXACT CENTER-OF-GRAVITY METHOD RESULTS

Title: UBICAR CENTRO COMERCIAL

Iteration	X coordinate	Y coordinate	Cost
0	29.866	21.883	472,908.42 <-- COG

COG - C:\LogWare\CENTRO COMERCIAL.dat   X

LOCATION OF POINTS

Problem: UBICAR CENTRO C

Facility coordinates are:
X = 29.87 Y = 21.88
Total cost = 472,908.42

Y coordinates in 1s

Continue   Print

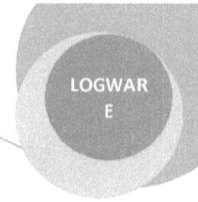

Ejemplo2

Se requiere determinar la ubicación de un almacén en base a los volúmenes solicitados de 8 clientes y el costo que se tiene para desplazar cada volumen a su destino.

COG - C:\LogWare\CENTRO COMERCIAL.dat

Problem label: UBICAR CENTRO COMERCIAL

Power factor (T): 0.5

Map scaling factor (K): 1

Point no.	Point label	X coor-dinate	Y coor-dinate	Volume	Transport rate
1	A	50	20	900	0.75
2	B	10	25	1000	0.60
3	C	20	15	3500	0.48
4	D	4	20	7000	0.70
5	E	10	25	5000	0.35
6	F	40	35	4030	0.80
7	G	15	35	500	0.75
8	H	50	45	800	0.45
9	I	40	25	1500	0.60
10	J	20	5	400	0.50

COG - C:\LogWare\CENTRO COMERCIAL.dat

EXACT CENTER-OF-GRAVITY METHOD RESULTS

Title: UBICAR CENTRO COMERCIAL

Iteration	X coordinate	Y coordinate	Cost	
0	20.665	24.626	255,445.30	<-- COG

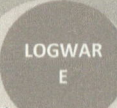

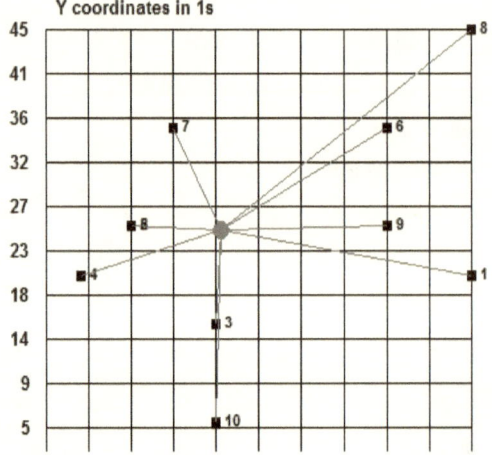

COG - C:\LogWare\CENTRO COMERCIAL.dat

LOCATION OF POINTS

Problem: **UBICAR CENTRO C**

Facility coordinates are:
X = 20.67 Y = 24.63
Total cost = **255,445.30**

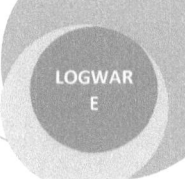
LNPROG

Se desea maximizar la distribución de una empresa que maneja tres productos fundamentales X1, X2, X3 los cuales están sujetos para su traslado bajo ciertas limitantes en volumen y costo. Encontrar la solución más optima para transportar X1=75, X2=85 X3=90.

LNPROG - C:\LogWare\FLP01.DAT

Problem label: distribución de productos

Number of constraints: 4

Number of variables: 3

COEFFICIENTS

Variable\ Contraint	X1	X2	X3	Type, <, =, >	RHS Value
1	15	13	6	<	6000
2	2	4	2	<	1800
3	1	1	1	<	500
4		1		>	90
Obj. coef.	-75	-85	-90		

LNPROG - C:\LogWare\FLP01.DAT

```
LINEAR PROGRAMMING RESULTS

Problem label: distribución de productos

SUMMARY OF RESULTS

  Basis       Activity  Nonbasis    Opportunity
  variables   level     variables   cost
  --          --        X(1)        15
  X(2)        90        --          --
  X(3)        410       --          --
  X(4)        2370      --          --
  X(5)        620       --          --
  --          --        X(6)        90
  --          --        X(7)        5
  --          --        X(8)        -5

Objective function value (Z) = 44550
```

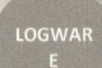

Se tiene una empresa que fabrica 3 productos y el volumen de producción está relacionado con la demanda y el costo de materia prima. Esta producción está bajo 4 limitantes o restricciones y se desea determinar el costo de producción para producir X1= 50, X2= 35 y X3= 80

LNPROG - C:\LogWare\FLP01.DAT

Problem label: distribución de productos

Number of constraints: 4

Number of variables: 3

COEFFICIENTS

Variable\Contraint	X1	X2	X3	Type, <, =, >	RHS Value
1	10	11	7	<	5000
2	3	2	5	<	1500
3	1	1	1	<	700
4	1			>	90
Obj. coef.	-50	-35	-80		

LNPROG - C:\LogWare\FLP01.DAT

LINEAR PROGRAMMING RESULTS

Problem label: distribución de productos

SUMMARY OF RESULTS

Basis variables	Activity level	Nonbasis variables	Opportunity cost
X(1)	90	--	--
X(2)	290	--	--
X(3)	130	--	--
--	--	X(4)	0.365853658536585
--	--	X(5)	15.4878048780488
X(6)	190	--	--
--	--	X(7)	0.121951219512195
--	--	X(8)	-0.121951219512195

Objective function value (Z) = 25050